처음 만나는
아기 옷

HAJIMETE NO AKACHAN−FUKU by Muki Kurai

Copyright © Muki Kurai 2004

Photographer: Toshikatsu Watanabe

Illustrations: Ai Akikusa, Izumi Tatewaki

All rights reserved.

First published in Japan in 2004 by Nihon Vogue Co., Ltd.

This Korean edition is published by arrangement with Nihon Vogue Co., Ltd., Tokyo.

in care of Tuttle-Mori Agency, Inc., Tokyo through Tony International, Seoul.

처음 만나는
아기 옷

엄마가 바느질하면 아기가 똑똑해진다!

구라이 무키 지음 | 구현숙 옮김 | 문수연 감수

아이소

유명한 선생님의 자상한 강의를 만나보세요

옷 만들기를 취미로 삼은 분이라면 책장에 구라이 무키 선생님의 책 한두 권 정도는 당연히 꽂혀 있으리라 생각합니다.

아기 옷에 관한 책으로 가득한 제 책장에도 구라이 무키 선생님의 책이 여러 권 꽂혀 있습니다.

그 정도로 구라이 무키 선생님은 아기 옷 분야에서 첫손가락에 꼽히는 분이라고 할 수 있습니다.

이 책은 특히 몇 가지 빼어난 장점을 가지고 있습니다.

서점에 나가 옷 만들기 코너를 둘러보면 그럴듯한 포장을 한 두꺼운 책을 많이 볼 수 있습니다. 그런데 대개 불필요한 장식인 경우가 많습니다. 실제로 가장 기본이라 할 수 있는 내용은 빠져 있는 겁니다. 예쁜 핏을 보여주는 패턴을 제공해주지도 않고, 초보자들이 가장 궁금해하는 바느질 방법에 대해서는 아무 설명 없이 두루뭉술하게 넘어가기 일쑤입니다. 설명하기도 힘들뿐더러 요령 없이 설명하려고 했다가 자칫 책이 복잡하고 어려워 보일 수 있기 때문이지요.

하지만 이 책은 자상한 선생님이 옆에서 하나하나 일러주듯이 차근차근 설명해주고 있습니다. 기본적인 바느질법에 대한 자세한 설명은 물론이고 바이어스테이프를 예쁘게 박는 법, 끝을 마감하는 방법, 송곳의 사용 등 초보자들이 무척 궁금해하지만 어디서도 들을

수 없었던 노하우가 곳곳에 숨어 있습니다.

　게다가 초보자도 쉽게 재봉틀 사용법을 따라할 수 있도록 설명해주고 있고, 손바느질로도 충분히 만들 수 있다는 점을 강조하고 있습니다. 대개 손바느질에서 시작해서 재봉틀을 구입하고 소품과 홈패션을 하다가 아기 옷 만들기에 관심을 갖게 된다는 점을 정확히 간파하고 있는 책인 거지요.

　이제 막 아이 옷에 입문하는 초보자에게는 딱 맞춤인 책이라 할 수 있습니다. 이 책을 책장에 꽂아두시면 오랫동안 훌륭한 안내자 역할을 해줄 겁니다.

　재봉틀이 없으면 손바느질로 한 땀 한 땀.

　재봉틀이 서투르더라도 천천히 한 땀 한 땀.

　이 책을 펴놓고 기도하는 마음으로 행복하게 아기 옷을 만들어보세요. 어느새 내 아기만을 위한 소중한 옷이 완성될 것입니다.

단추수프 문수연

처음 만나는 아기 옷

초판 1쇄 인쇄_ 2010년 6월 10일
초판 1쇄 발행_ 2010년 6월 15일

지은이_ 구라이 무키
옮긴이_ 구현숙
감수_ 문수연
펴낸이_ 명혜정
펴낸곳_ 도서출판 이아소

종이_ 대림지업
필름출력_ 소다미디어
인쇄_ 현문
제본_ 바다제책
코팅_ 서울코팅

등록번호_ 제311-2004-00014호
등록일자_ 2004년 4월 22일
주소_ 120-840 서울시 마포구 서교동 408-9번지 302호
전화_ (02)337-0446 팩스_ (02)337-0402

책값은 뒤표지에 있습니다.
ISBN 978-89-92131-31-5 13590

도서출판 이아소는 독자 여러분의 의견을 소중하게 생각합니다.
E-mail: m3520446@kornet.net

엄마가 아이에게 주는 첫 선물

처음 아이를 가지면
그 아이에게 무언가 직접 손으로 만들어주고 싶어집니다.

그런 엄마들을 위해서 만들기 쉽고,
아기에게도 좋은 타월과 거즈를 사용한
아기 옷과 아기용품 만드는 법을 소개합니다.
제 경험을 바탕으로
누구나 충분히 활용할 수 있는 편리한 아이템들을 준비했습니다.

바느질에 익숙하지 않은 초보자도 손쉽게 만들 수 있습니다.
재봉틀로 쭉 박거나
손바느질로 촘촘히 꿰매기만 하면 완성!
특별한 기술은 필요 없습니다.
단지 만들 때 사랑과 정성을 듬뿍 담는 것만 잊지 마세요.

소재 선택은 무척 중요합니다.
무엇보다 안전하고, 아기의 피부에 좋은 소재여야 합니다.
내 아이를 위해 꼼꼼이 따져보고 골라주고 싶은 게 엄마의 마음입니다.
다루기 편하고 손쉽게 구할 수 있는 기성 제품인 타월과 거즈를
십분 활용하세요.

엄마가 아이에게 주는 첫 선물,
이제부터 함께 만들어볼까요.

구라이 무키

Contents

출산 준비를 위해
꼭 마련해두고 싶어요.

아기가 아장아장 걸음마
시작할 때까지
입을 수 있어요.

공식적인 행사에
어울리는 아기 옷

턱받이

만드는 법
A 12~14쪽, B 15쪽, C 16쪽,
D 16쪽, E 17쪽

아기 피부에 좋은
무연사의 폭신폭신한 타월로 만들었어요.
재봉틀로 마무리를 했지만 손바느질로도 충분히 가능해요.
만드는 순서는 재봉틀과 손바느질 모두 같아요.

푸른색에 사각형인 E는 타월의 끝을 접어서 주머니를 만든 식사용 에이프런이에요.

턱받이 만드는 법

실물 크기 옷본 A면

☆ 바느질을 마친 뒤에 시접을 자른다든가, 바이어스테이프로 감싸서 마무리를 하기 때문에
   옷본에 시접은 포함되어 있지 않다.

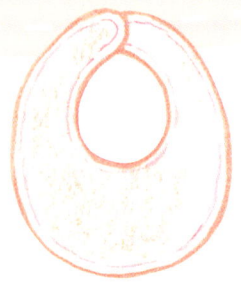

턱받이 A 만드는 법

실물 크기 옷본 A면 ①

☆ 보기 쉽게 일부러 눈에 띄는 색상의 실을 사용했다.
실제로 만들 때는 천에 어울리는 색상의 실을 고르도록 하자.

재료

거즈 35×30cm

재봉실 60번

매직테이프

세안용 타월 33×85cm 또는
손님용 타월 33×40cm

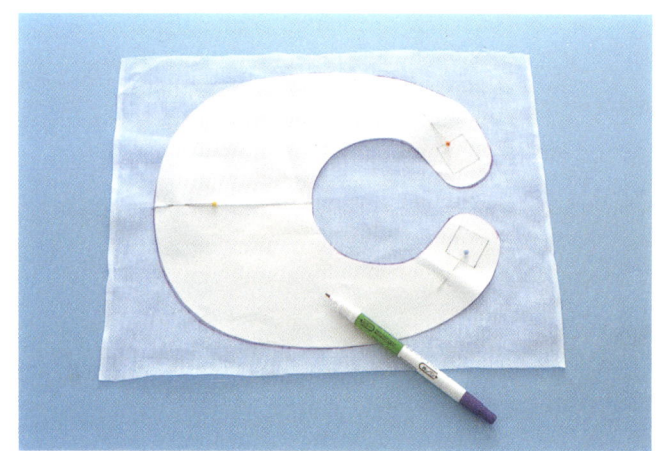

1 옷본을 거즈에 대고 옮겨 그린다

거즈에 옷본을 시침핀으로 고정하고 잘 지워지는 초크펜으로 옷본의
외곽선을 그린다. 마치면 옷본을 떼어낸다.

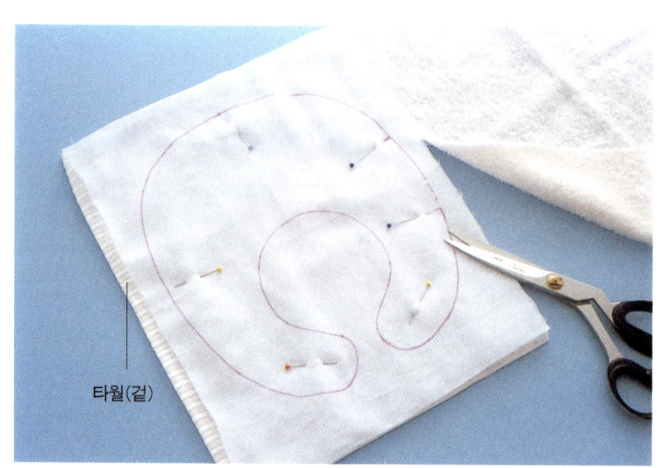

타월(겉)

2 거즈에 타월을 올려놓고 마름질한다

타월의 겉면에 거즈를 올려놓고 시침핀으로 고정한다. 거즈의 크기
에 맞춰서 타월을 잘라낸다.

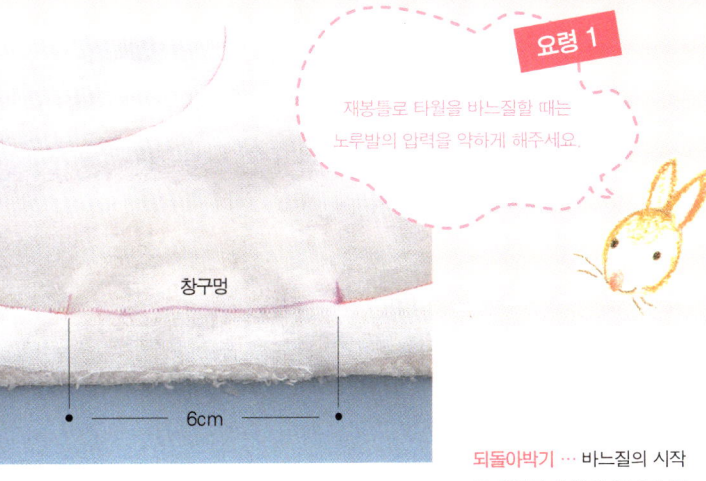

재봉틀로 타월을 바느질할 때는
노루발의 압력을 약하게 해주세요.

창구멍

6cm

되돌아박기 ··· 바느질의 시작
과 끝부분에 올이 풀리지 않
도록, 짧게 몇 번 겹쳐서 박음
질하는 것. 재봉틀의 후진 레
버를 사용한다.

3 창구멍만 남겨놓고 재봉틀로 박는다

재봉틀의 땀수를 2.5로 하고, 창구멍에서부터 바느질을 시작한다. 작은 곡선 부분은
한 땀 한 땀 천천히 주의해서 바느질한다. 바느질의 처음과 끝에는 되돌아박기를 한다.

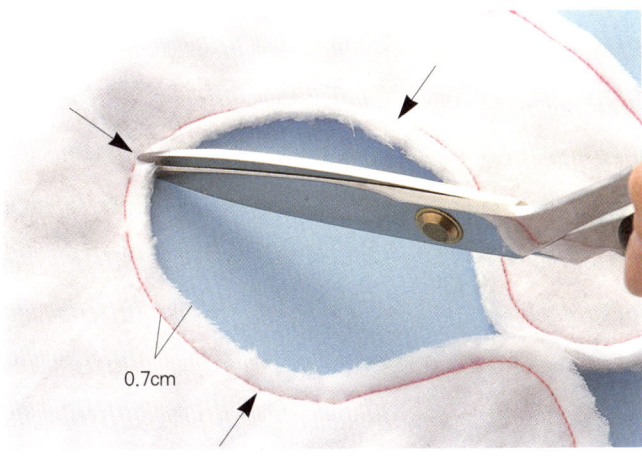

0.7cm

4 시접을 0.7cm 남기고 잘라낸다

바늘땀에서 0.7cm 정도의 시접만 남기고 잘라낸 뒤, 목둘레에서 화
살표가 표시된 3곳에 가위집을 내준다. 이렇게 해두면 겉으로 뒤집
었을 때 곡선의 모양이 깔끔하다.

5 창구멍을 통해 겉으로 뒤집는다

창구멍에 손가락을 넣고, 뒷부분의 끝을 잡아당겨 전체를 겉이 보이
도록 뒤집는다.

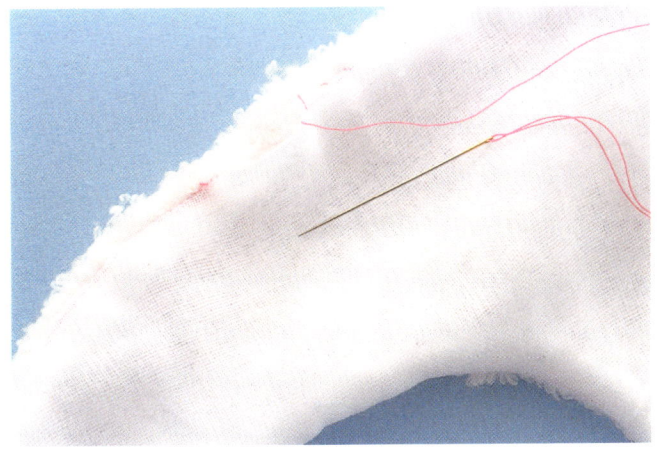

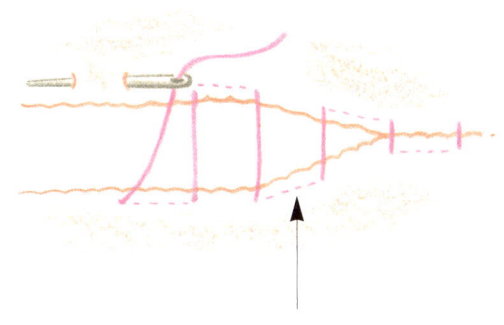

6 창구멍을 막는다

공그르기로 창구멍을 마무리한다.

공그르기 ··· 바늘을 천의 안
쪽에서 바깥쪽으로 뺀 후, 번
갈아서 바늘땀을 뜬다.

요령 2

타월은 다림질하면 천의 감촉이
손상돼요! 반드시
손다림질로 해주세요.

7 손다림질로 천 가장자리를 정돈한다

손다림질이란 손끝과 손바닥을 이용해서 주름을 펴는 것을 말한다.
세탁물을 갤 때 주름을 펴듯이 하면 된다. 시접을 겉에서 손끝으로
누르고 모양을 잡아가며 정돈하자.

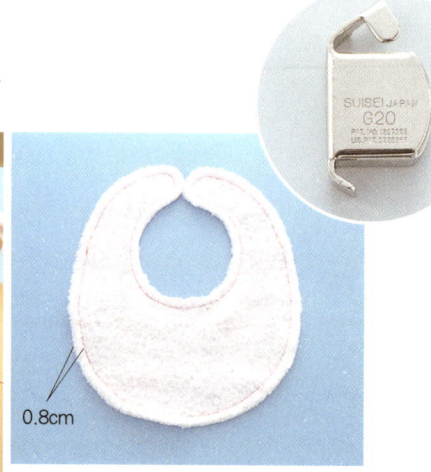

0.8cm

바느질을 마친 상태.

가이드 라이너 … 재봉틀을
사용할 때, 옷감을 가이드 라
이너에 맞추고 바느질하면 일
정한 폭을 유지하며 똑바로
꿰맬 수 있기 때문에 초보자
에게 무척 유용하다. 가이드
라이너 뒷면은 자석이어서 부
착과 제거가 편리하다.

8 주위를 재봉틀로 박는다

가이드 라이너를 사용해서, 천의 가장자리에서 0.8cm 안으로 들어간 위치에 바느질을 한다. 재봉틀로 창구멍 옆에서부터 바느질
을 시작한다. 바깥쪽 곡선은 천천히 박음질하고, 안쪽 곡선은 사진과 같이 천을 직선으로 펴서 바느질한다. 마지막에는 바느질 시작
부분과 겹쳐서 박고, 되돌아박기로 마무리한다. 가이드 라이너가 없을 때는 노루발의 폭에 맞춰 바느질하면 된다.

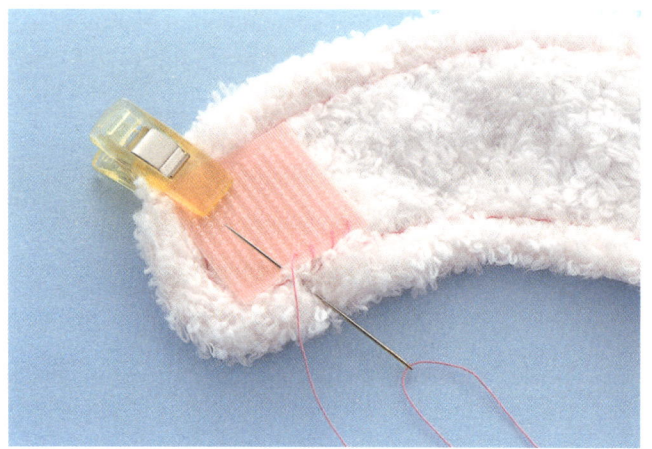

요령 3

매직테이프의 까끌까끌한 면을 위로 오게
달아야 아기 피부에 직접 닿지 않아요.
언제나 아기를 위한 엄마의 배려를
잊지 마세요.

까끌까끌한 부분

9 매직테이프를 단다

① 매직테이프를 2.5cm 길이로 자른 뒤, 옷본에서 매직테이프 붙이는 위치를 확인한다.
② 착용했을 때, 아래가 되는 쪽의 겉면에는 매직테이프의 까끌까끌한 면을, 위가 되는
쪽의 안에는 부드러운 면을 클립으로 고정하고 공그르기로 단다.

턱받이 B 만드는 법

실물 크기 옷본 A면 ②

재료와 만드는 법은 핑크색 턱받이와 같다.
가장자리의 주름은 완만한 곡선이 되노록 한다. 빡빡하면 뒤집기 어렵다.

이 책에 실려 있는 아기 옷과 아기용품을 만들 때 사용하는 도구다.
집에 있는 도구는 그대로 사용하고, 구입해야 하는 경우에는 참고하도록 하자.

손바느질용 실

송곳

초크펜(자주색) : 시간이 흐르면 자연스럽게 지워지고,
바로 지우고 싶을 때는 지우개펜으로 지울 수 있다.

바느질 상자

주걱 : 거즈에
표시할 때 편리하다.

모눈자

바늘과 반짇고리

바느질용 클립

아이론 스케일

시침핀

양재용 가위
sewing 230

재봉실 60번

손자수실

소형 가위 : 실의 정리 등은 작은 가위로 잘라준다.

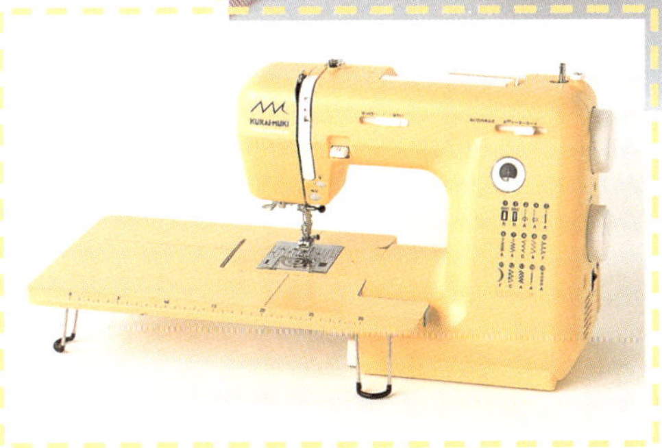

재봉틀

턱받이 D 만드는 법

실물 크기 옷본 A면 ④

재료

세면용 타월 또는 손님용 타월, 1.2cm 폭의 바이어스테이프 1.4m, 0.3cm 폭의 물결 모양 브레이드 90cm, 플라스틱 똑딱단추 1쌍

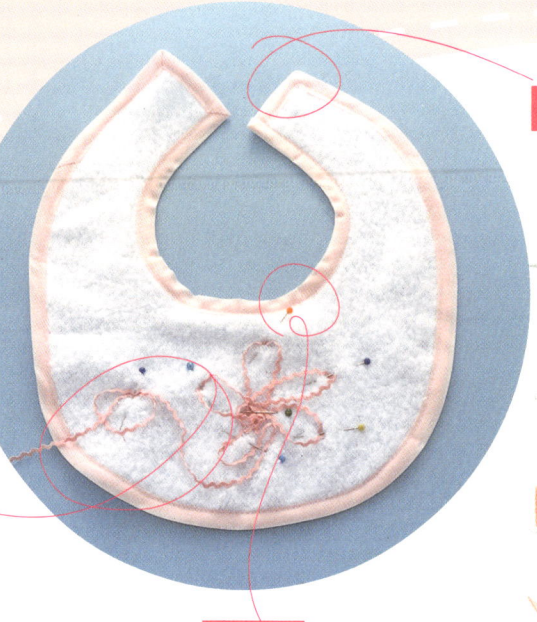

1 타월 위에 옷본을 놓고 재단한다.

2 가장자리를 바이어스테이프로 감싼다.

3 물결 모양 브레이드로 중간에 떼지 않고 한번에 모양을 만들어서 시침핀으로 고정한다.

4 브레이드를 손바느질로 고정한다.

5 플라스틱 똑딱단추를 부착한다.

요령 1 각진 부분 바느질하는 법

안 | 각진 부분 앞에서 바느질을 멈춘다. 되돌아박기한 뒤 실을 자른다.

안 | 바이어스테이프를 그림과 같이 접고, 각진 부분 앞부터 꿰맨다. 바느질 처음에는 되돌아박기한다.

겉 | 바이어스테이프를 겉으로 꺾고 각이 진 부분을 깔끔하게 정돈한다. 핀셋으로 모난 부분을 잡고 겉에서부터 가장자리를 꿰맨다.

겉 | 바이어스테이프를 겉으로 꺾은 뒤, 송곳으로 누르면서 재봉틀로 박는다.

요령 2

안쪽 곡선 바느질하는 법

안 | 곡선을 곧게 펴서, 안쪽에 바이어스테이프의 겉면을 맞추고 꿰맨다.

턱받이 C 만드는 법

실물 크기 옷본 A면 ③

재료

세안용 타월, 또는 손님용 타월, 거즈 25×30cm, 1.8cm 폭의 양쪽 가장자리용 레이스 75cm, 플라스틱 똑딱단추 1쌍

1 12쪽과 동일한 순서로 턱받이를 만든다.

2 레이스는 옷본에서 붙일 위치를 확인한 뒤, 시침핀으로 고정한다. 레이스의 양쪽 가장자리는 끝단을 접어 끝단박기한다.

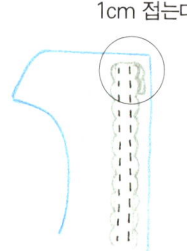

처음에는 1cm 접는다.

각이 진 부분은 접어서 바느질한다.

3 플라스틱 똑딱단추를 붙인다.

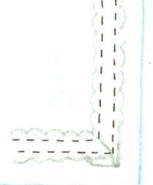

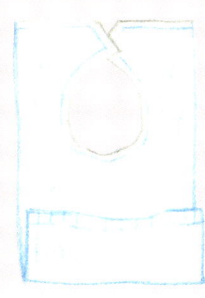

식사용 에이프런 E

만드는 법

재료

세면용 타월, 1.8cm 폭의 바이어스테이프 90cm, 플라스틱 똑딱단추 1쌍

1 목둘레는 턱받이 D의 실물 크기 옷본을 사용해서 재단한다.

2 마름질한 천 가장자리를 바이어스테이프로 마무리한다.

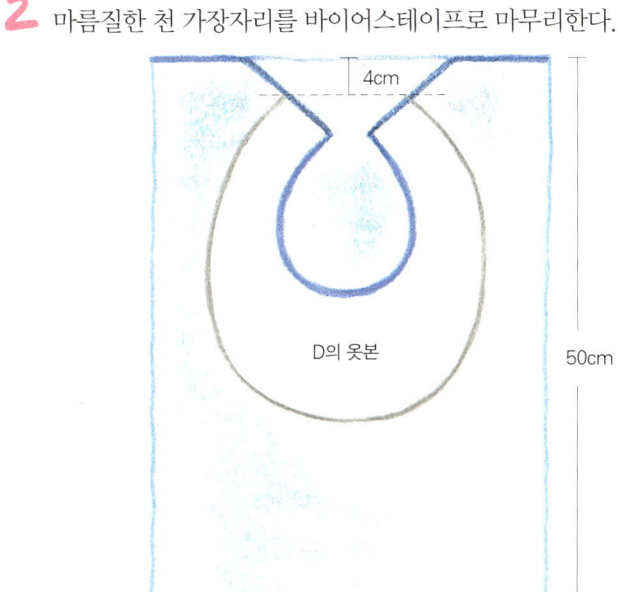

4cm

D의 옷본

50cm

3 타월을 그림과 같이 접어서 재봉틀로 꿰맨다.

5cm

5cm

재봉틀

9cm

4 플라스틱 똑딱단추는 바늘에 실 2줄을 꿰어 부착한다.
재봉실이나 손바느질 실은 2줄로 바느질한다.
단추를 달 경우에는 실을 1줄만 사용해도 된다.

실 2줄

여밈 도구에 관하여

앞에서 소개한 턱받이에는 여밈 도구로 매직테이프와 플라스틱 똑딱단추 2종류를 사용했다. 어느 쪽을 선택하느냐는 개인의 취향에 따라 결정하면 된다. 단, 주의할 점은 여밈 도구의 누르는 쪽과 눌리는 쪽을 고려해서 오목 부분과 볼록 부분을 달아야 한다는 것이다. 아기의 피부에 닿는 면, 즉 눌리는 쪽에 볼록 부분(매직테이프의 경우 까끌까끌한 쪽)을 달고, 반대로 누르는 쪽에 오목 부분(매직테이프의 경우 부드러운 쪽)을 단다. 누르는 쪽에 볼록 부분을 달면 아기의 피부에 직접 닿아 불편함을 줄 수 있다.

플라스틱 똑딱단추
(크기는 다양하다)

매직테이프의 경우
까끌까끌한 쪽

똑딱단추 다는 법

천의 겉에서 바늘을 넣고 안에서 빼낸다.

빼낸 바늘을 똑딱단추 구멍에 넣는다.

바늘을 똑딱단추 테두리 옆으로 빼낸 뒤, 실을 당긴다. 이것을 한 구멍마다 3회씩 반복한다.

마지막에는 바늘 땀을 한 번 뜨고 바늘을 그 사이로 빼내서 둥글게 매듭을 짓는다.

건너편으로 바늘을 빼낸 뒤, 실을 자른다.

완성된 모습

겉싸개와 한 세트인
턱받이와 아기 손수건

만드는 법 20 · 21쪽

포대기 대용으로, 또 기저귀를 갈 때는 깔개로도
쓸 수 있는 겉싸개는 감촉이 좋은 타월 거즈를 사용합니다.
사각 천의 가장자리에 니트테이프만 두르면 완성이므로,
전혀 경험이 없는 초보자도 솜씨를 발휘해볼 좋은 기회입니다.
턱받이와 아기 손수건도 한 세트로 만들어보세요.

겉싸개 만드는 법

실물 크기 옷본 A면 ⑤

☆ 보기 쉽게 일부러 눈에 띄는 색상의 실을 사용했다.
실제로 만들 때는 천에 어울리는 색상의 실을 고르도록 하자.
☆ 니트테이프로 천의 가장자리를 마무리하기 때문에 옷본에 시접은 포함되어 있지 않다.

재료

재봉실 60번

1.5cm 폭 가장자리 마무리용
니트테이프 3.6m(겉싸개용)
1.1cm 폭 가장자리 마무리용
니트테이프 2.4m(턱받이 · 아기 손수건용)

타월 거즈 92×110cm(턱받이와 아기 손수건도 포함)

요령 1

천의 결을 무시하고 재단하면,
시간이 흐르면서
모양이 틀어져서 안 좋아요.

요령 2

재봉틀로 니트테이프를
바느질할 때, 송곳으로 누르면서
밀어주면 밀리지 않고
좀 더 수월하게 할 수 있어요.

천의 가장자리

1 재단하기 전에 천의 결을 따라서 가장자리를 가위로 정리한다

씨실(가로실)을 따라서 가위로 잘라준다.

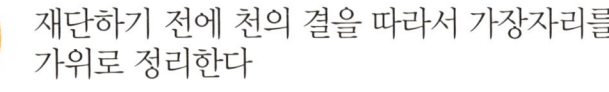

마름질한 단

2 옷본을 위에 놓고 재단한다.

1에서 가장자리를 정리한 천에 옷본 몸판을 시침핀으로 고정하고 재단한다. 후드가 되는 삼각형 부분은 사진과 같이 밑변을 맞춰서 시침핀으로 고정하고 재단한다.

3 삼각형 부분의 입구를 니트테이프로 감싼다

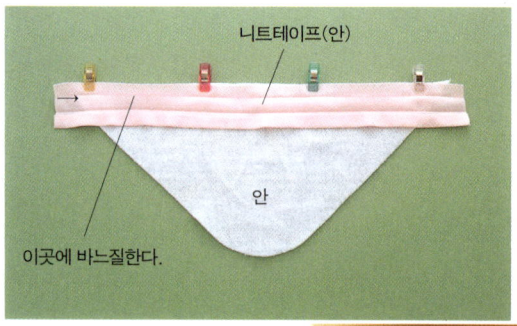

니트테이프(안)

이곳에 바느질한다.

안

① 삼각형 부분의 안쪽과 니트테이프의 겉을 맞춘 뒤, 바느질용 클립으로 고정하고 재봉틀로 바느질한다.

② 니트테이프를 겉으로 꺾어, 앞에 바느질한 바늘땀을 감추듯이 감싼 뒤에 끝부분을 박는다. 가이드 라이너(14쪽에서 소개)를 이용하면 일정한 폭을 유지하면서 바느질할 수 있다.

4 몸판에 삼각형 부분을 포개고 바느질한다

몸판의 겉면에 삼각형 부분의 겉면이 위가 오도록 올려놓고, 삼각형의 뾰족한 부분을 꿰맨다. 비어져 나온 여분의 테이프는 사진과 같이 잘라낸다.

5 천의 가장자리를 니트테이프로 감싸준다

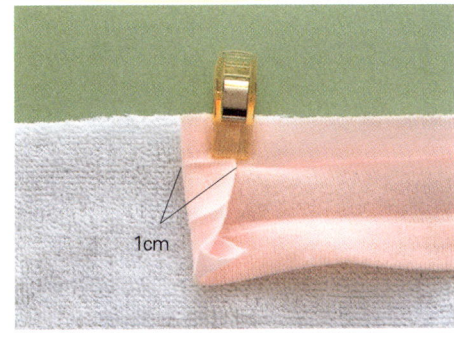

천의 안쪽 면과 니트테이프의 겉을 맞대고, 테이프의 끝을 1cm 접어서 바느질용 클립으로 고정한다.

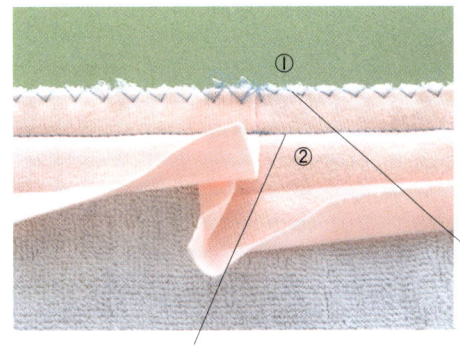

② 니트테이프의 접은 선을 따라 직선 박음질한다. 니트테이프의 끝은 접지 말고 처음 부분에 포개놓고 꿰맨다.

요령 3

재단한 천의 가장자리에 폭이 넓은 니트테이프를 두를 경우, 천의 곡선 부분은 가장자리를 가지런히 정돈해두어야 니트테이프를 깔끔하게 두를 수 있어요.

① 천의 가장자리와 니트테이프의 끝을 맞추고, 오버로크 노루발을 사용해서 가장자리는 지그재그 박음질을 해준다. 이때 송곳으로 니트테이프를 눌러주면 바느질하기 한결 쉽다.

오버로크 노루발 …
재봉틀의 부속품 중 하나로, 천의 가장자리를 노루발 유도장치 안쪽에 맞추면 깔끔하게 바느질할 수 있다.

요령 4

니트테이프의 바느질 시작과 끝에 주의할 점! 처음에는 니트테이프가 겹쳐지지 않도록 바느질하고, 마지막에는 니트테이프 처음 부분에 끝부분을 올려놓고 바느질하세요.

③ 3과 같이 바느질하고, 니트테이프를 겉으로 꺾고 끝단박기를 한다.

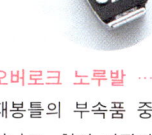

니트테이프 두르기를 막 끝낸 상태

턱받이와 아기 손수건 만드는 법

턱받이 실물 크기 옷본 A면 ⑦ 아기 손수건 실물 크기 옷본 A면 ⑥ 재단하면 1.1cm 폭의 니트테이프로 감싸서 마무리한다.

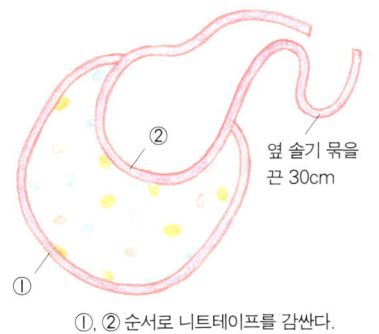

①, ② 순서로 니트테이프를 감싼다.

옆 솔기 묶을 끈 30cm

손잡이용 끈 20cm

아기 손수건 손잡이 바느질하는 법

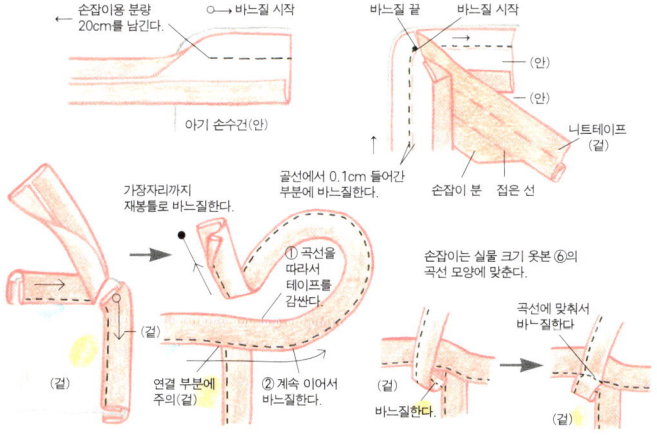

손잡이용 분량 20cm를 남긴다.

바느질 시작

바느질 끝 바느질 시작

아기 손수건(안)

(안)

(안)

니트테이프(겉)

골선에서 0.1cm 들어간 부분에 바느질한다.

손잡이 분 접은 선

가장자리까지 재봉틀로 바느질한다.

① 곡선을 따라서 테이프를 감싼다.

(겉)

손잡이는 실물 크기 옷본 ⑥의 곡선 모양에 맞춘다.

연결 부분에 주의(겉)

② 계속 이어서 바느질한다.

(겉)

바느질한다.

곡선에 맞춰서 바느질한다

(겉)

(겉)

배냇저고리 3종 세트
짧은 배냇저고리·팬츠
긴 배냇저고리

짧은 배냇저고리 만드는 법 25~28쪽, 팬츠 만드는 법 32 · 33쪽, 긴 배냇저고리 만드는 법 31쪽

거즈로 된 이불 커버 1 장으로 만들 수 있는 3종 세트.

한 겹으로는 좀 얇은 감이 있어, 2장을 겹쳐서 만들었어요.

이 소재는 주변에서 손쉽게 구할 수 있어요.

태어난 아기를 위해

한 땀 한 땀 사랑을 담아 손바느질했어요.

재봉틀 사용에 능숙한 사람은 재봉틀로 바느질한 뒤,

장식용 스티치만 촘촘히 손바느질하면 됩니다.

거즈는 아기 피부에 좋아요.

겉감과 안감이 같은 소재이고 시접이 겉에서 보이지 않아

양면으로 입을 수 있어요.

앞뒤 구분이 없는 팬츠여서 만들기도 쉽고,

입히기도 편하답니다.

배냇저고리 3종 세트 만드는 법
(짧은 배냇저고리, 긴 배냇저고리, 팬츠)

☆ 보기 쉽게 일부러 눈에 띄는 색상의 실을 사용했다.
　홈질할 실은 천의 색상에 어울리는 것을 고르고, 장식은 좋아하는 색상의 자수실을 사용한다.

정 바이어스테이프 길이 기준
(시판용 1.8cm 폭의 바이어스테이프를 사용해도 된다.)

		짧은 배냇저고리	긴 배냇저고리
a	목둘레의 여밈용 끈	85cm	85cm
b	앞단에서부터 밑단 가장자리 감쌀 천	120cm	160cm
c	소맷부리 가장자리를 감쌀 천	18cm×2개	18cm×2개
d	앞단과 옆선의 여밈용 끈	25cm×2개	25cm×4개

(배냇저고리 3종 세트 1벌분)

박스 타입 이불 커버
150×200cm

손자수실

손바느질 실

☆ 그 외 팬츠의 허리와 밑단에 넣을 0.5cm 폭의 고무줄 80cm, 팬츠 밑단에 고무줄을 넣지 않는 경우에는 허리에 넣을 40cm만 필요하다.

3종 세트 옷본 배치도
세탁한 이불 커버를 2장 포갠 채 재단한다.

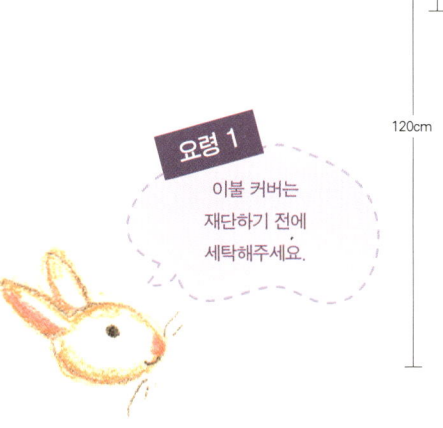

요령 1

이불 커버는
재단하기 전에
세탁해주세요.

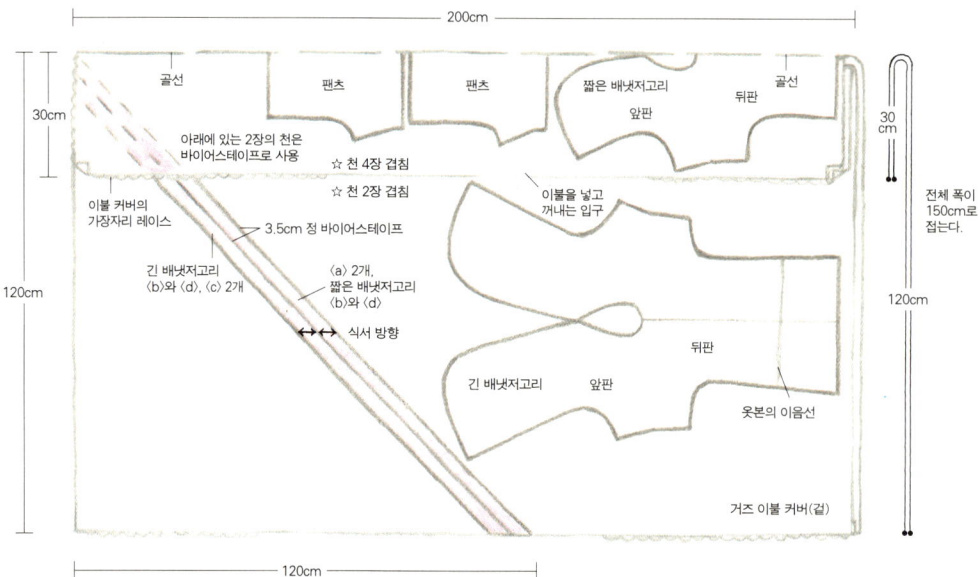

200cm

골선　　팬츠　　팬츠　　짧은 배냇저고리　골선
　　　　　　　　　　　　　　　　　앞판　　뒤판

30cm

아래에 있는 2장의 천은
바이어스테이프로 사용

☆ 천 4장 겹침

☆ 천 2장 겹침

이불을 넣고
꺼내는 입구

이불 커버의
가장자리 레이스

3.5cm 정 바이어스테이프

긴 배냇저고리
〈b〉와 〈d〉, 〈c〉 2개

〈a〉 2개,
짧은 배냇저고리
〈b〉와 〈d〉

↔ ↔ 식서 방향

긴 배냇저고리　　앞판

뒤판

옷본의 이음선

거즈 이불 커버(겉)

30
cm

전체 폭이
150cm로
접는다.

120cm

120cm

120cm

24

짧은 배냇저고리 만드는 법

실물 크기 옷본 B면 ⑧

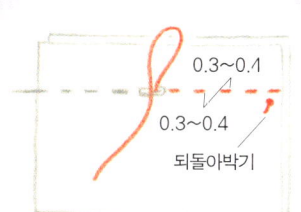

0.3~0.1
0.3~0.4
되돌아박기

1 천 2장을 포갠 채 재단한다

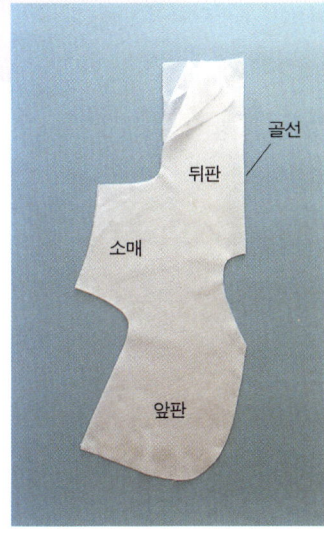

골선
뒤판
소매
앞판

① 옷본을 참고하여, 몸판의 옷본 골선과 천의 골선을 맞추어 재단한다. 같은 모양의 몸판이 2장 나온다.

② 재단이 끝난 3.5cm 폭의 바이어스 천. 작업 중간에 테이프 모양으로 자르고, 필요할 때마다 잘라서 사용한다.

2 소매 밑에서부터 옆선을 바느질한다

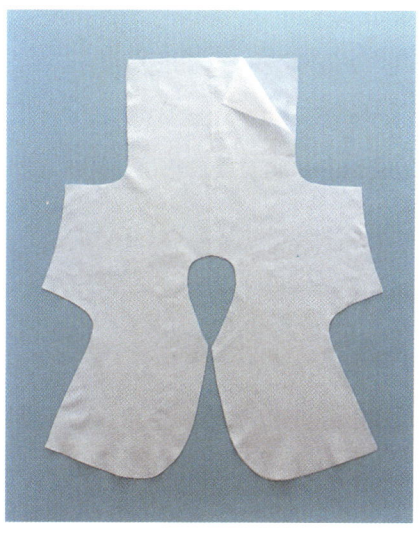

① 재단한 몸판을 펼치면 똑같은 모양이 2장 나온다.

② 완성된 모양이 되도록 정리하고, 위아래를 구분 지어 몸판의 등을 맞춰 포갠다. 소매 밑에서부터 4장의 옆선을 사진과 같이 클립으로 고정한다.

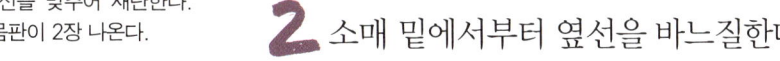
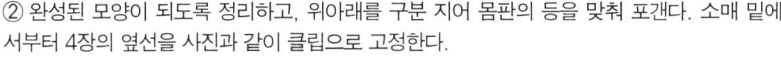
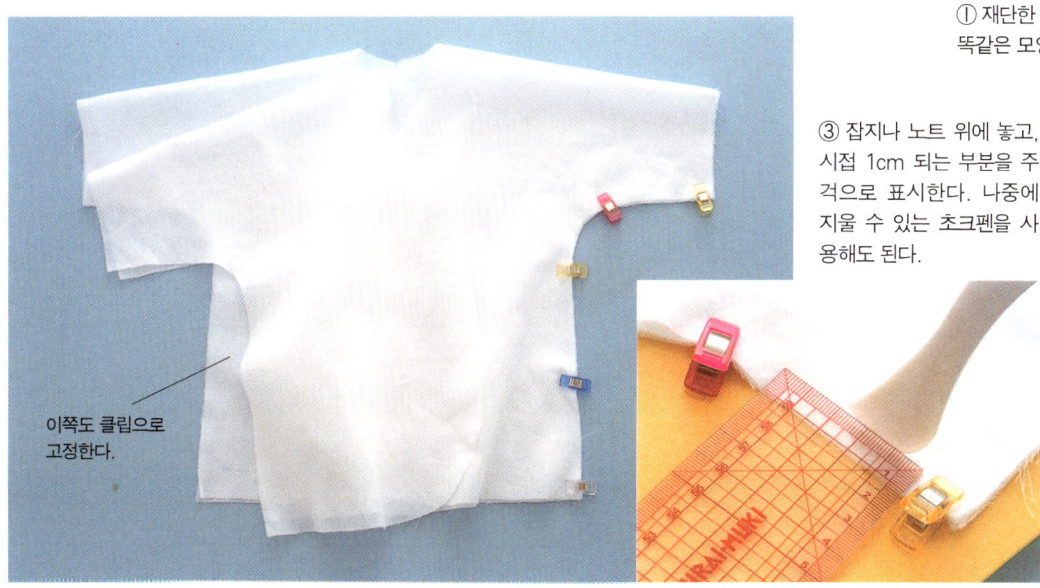

이쪽도 클립으로 고정한다.

③ 잡지나 노트 위에 놓고, 시접 1cm 되는 부분을 주걱으로 표시한다. 나중에 지울 수 있는 초크펜을 사용해도 된다.

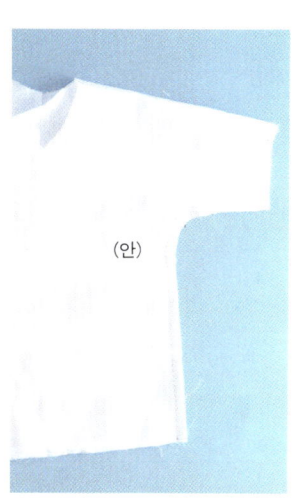

(안)

④ 표시한 선을 따라 홈질한다. 바느질 시작과 끝에는 한 땀 박음질을 해준다.

25

3 시접이 안쪽으로 들어가도록 1장을 겉으로 뒤집는다

요령 2

겉으로 뒤집을 때는
시접이 울지 않도록 주의하세요.
그래야 옷을 입었을 때
아기가 움직이기 편해요.

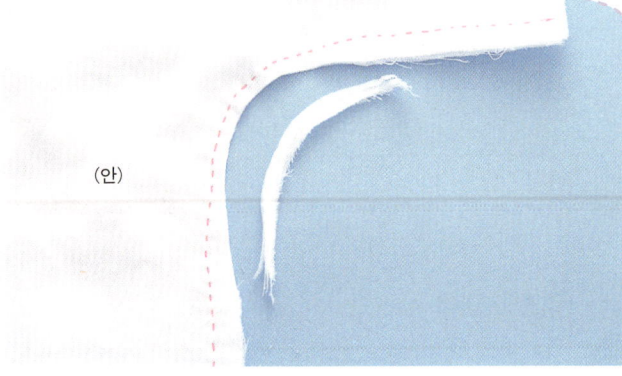

(안)

① 옆선 밑 곡선 부분의 시접을 사진과 같이 자른다.

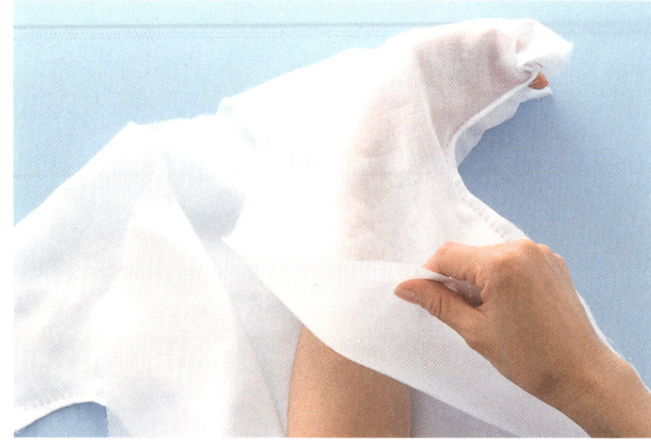

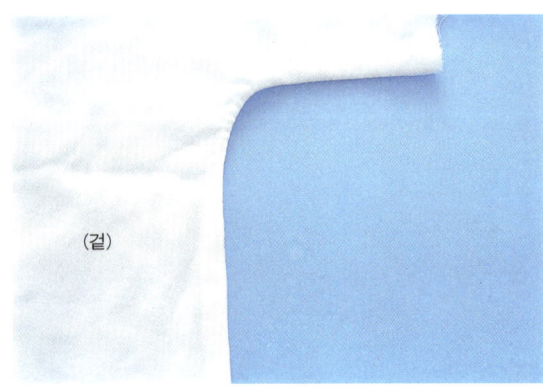

(겉)

겉에서 본 모양

② 4장을 포갠 몸판 중에서 가장 위에 있는 앞판으로 손을 넣어 소맷부리를 안쪽에서 바깥쪽으로 꺼낸다. 동시에 그 앞판이 가장 아래로 가게 한다. 왼쪽과 오른쪽 모두 그렇게 하면 조금 전에 홈질한 시접이 안쪽으로 들어간다.

옆선

(겉)   (겉)

(안)   (안)

겉소매(겉)

안소매(겉)

안쪽 앞판(겉)

안쪽 뒤판(겉)

겉 앞판(안)

4 바이어스테이프를 만든다

바이어스테이프 메이커(폭 1.8cm용)를 사용하여, 1장의 천으로 바이어스테이프를 만든다.

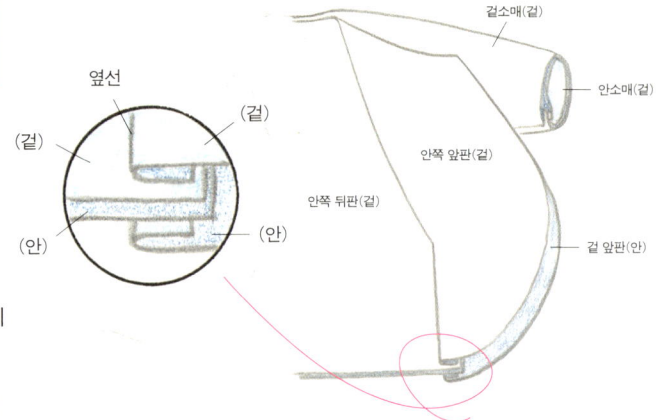

바이어스테이프 메이커 … 양쪽으로 접은 선이 들어간 바이어스테이프를 손쉽게 만들 수 있다. 바이어스 천을 바이어스테이프 메이커에 끼워 넣으면 좌우 양쪽이 접혀 나오는데, 이 접힌 바이어스테이프를 다리미로 다린다. 얇은 천은 바이어스테이프 메이커를 뒤집어서 사용하면 깔끔하게 완성된다.

5 몸판의 가장자리에 바이어스테이프를 두른다

바이어스테이프(안)

(안)

① 앞단에서부터 밑단에 두를 바이어스테이프를 120cm 자른다. 짧은 배냇저고리 안쪽에 바이어스테이프의 겉면을 댄다. 마름질한 천의 가장자리와 바이어스테이프의 끝을 맞춘 뒤, 클립으로 고정한다. 바이어스테이프와 천을 맞댄 순서대로 고정하고 바이어스테이프가 남을 것 같으면 잘라낸다.

요령 3

몸판에 두르고 남은 여분의 바이어스테이프는 잘라내주세요.

요령 4

접은 선에서 조금 벗어난 위치에 바느질을 하면 좋아요. 바이어스테이프를 겉으로 꺾을 때 깔끔해요.

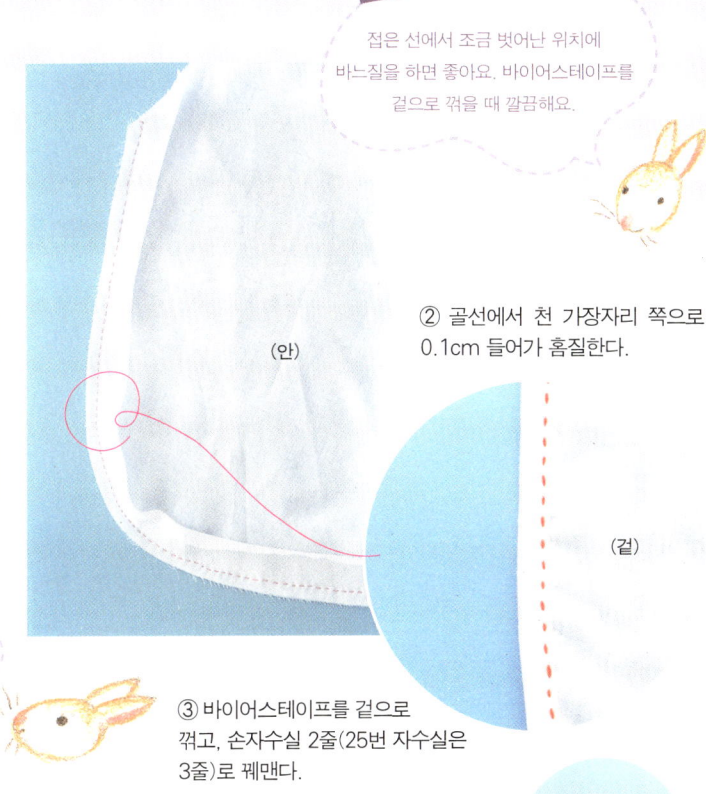

(안)

② 골선에서 천 가장자리 쪽으로 0.1cm 들어가 홈질한다.

(겉)

③ 바이어스테이프를 겉으로 꺾고, 손자수실 2줄(25번 자수실은 3줄)로 꿰맨다.

6 목둘레에 바이어스테이프를 두른다

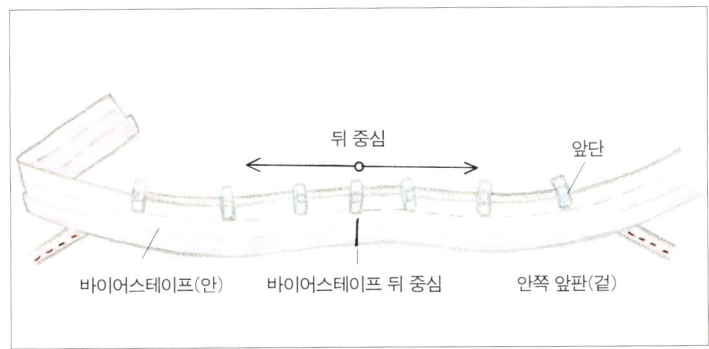

뒤 중심

앞단

바이어스테이프(안)   바이어스테이프 뒤 중심   안쪽 앞판(겉)

① 목둘레에 달 여밈용 끈으로 바이어스테이프를 85cm 자른다. 바이어스테이프를 반으로 접어 뒤쪽 목둘레 중심과 맞춘 뒤, 클립으로 고정하고 끈을 달 위치를 정한다. 5와 같이 목둘레에 바이어스테이프를 두른다.

요령 5

폭이 좁은 바이어스테이프를 달 때는 송곳을 이용하면 편해요.

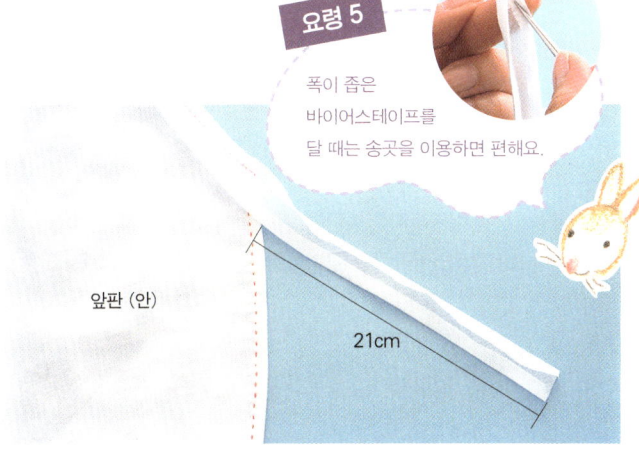

앞판 (안)

21cm

② 목둘레의 바이어스테이프를 겉으로 꺾는다. 목둘레에서부터 이어진 바이어스테이프는 여밈용 끈으로 사용할 21cm만 남겨놓고 잘라낸다. 바이어스테이프 끝은 그림과 같이 1cm 폭으로 접은 뒤, 클립으로 고정한다.

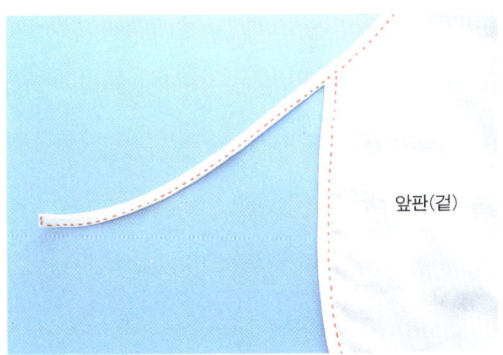

앞판(겉)

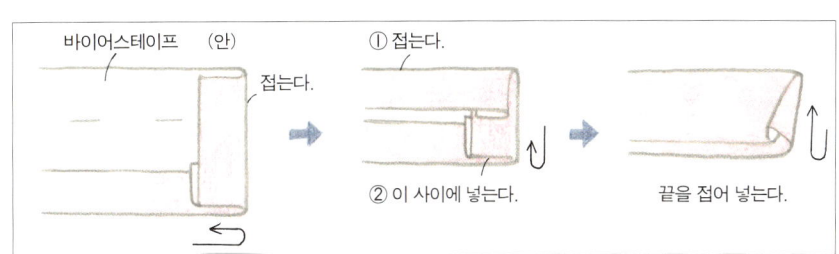

바이어스테이프 (안)

접는다.

① 접는다.

② 이 사이에 넣는다.

끝을 접어 넣는다.

③ 여밈용 끈 → 목둘레 → 여밈용 끈 순서로 손자수실 2줄로 손바느질한다.

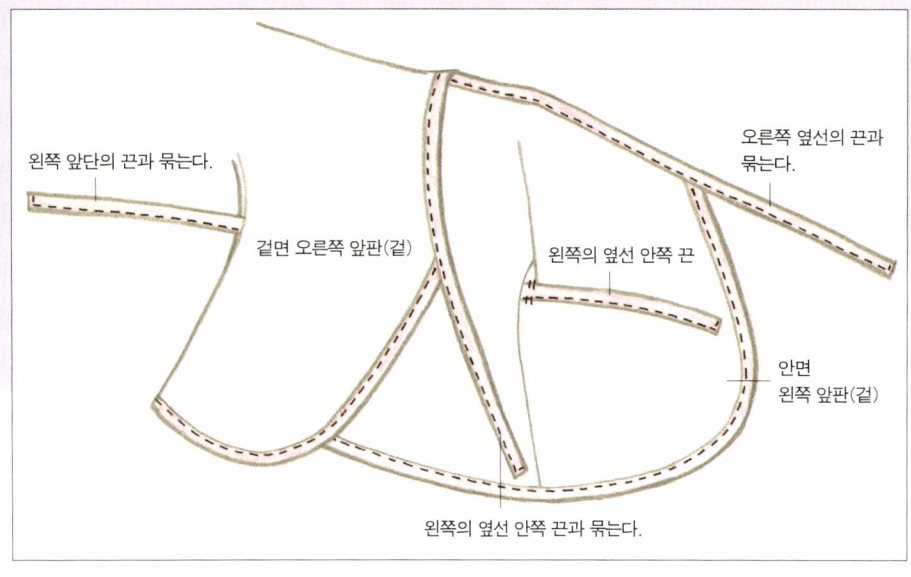

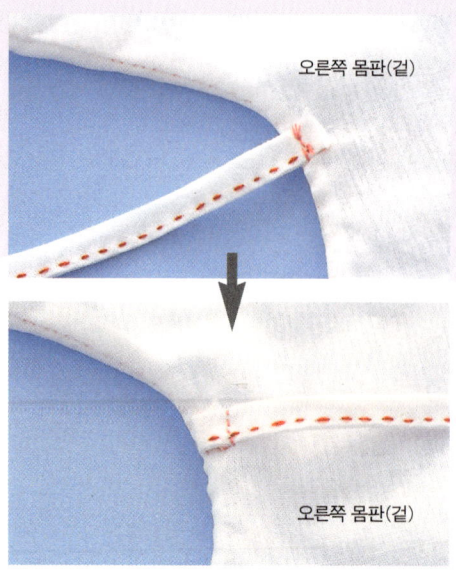

왼쪽 앞단의 끈과 묶는다.

겉면 오른쪽 앞판(겉)

오른쪽 옆선의 끈과 묶는다.

왼쪽의 옆선 안쪽 끈

안면 왼쪽 앞판(겉)

왼쪽의 옆선 안쪽 끈과 묶는다.

오른쪽 몸판(겉)

오른쪽 몸판(겉)

7 앞단과 옆선 안쪽에 여밈용 끈을 단다

① 25cm 길이로 자른 바이어스테이프를 2개 준비한다. 바이어스테이프를 접고 이음새 부분은 손자수실 2줄로 꿰맨다. 끈의 끝은 한쪽만 접어서 꿰맨다.

② 왼쪽과 오른쪽 몸판에 끈을 달 위치를 확인하고 끈을 단다. 오른쪽 몸판은 겉에, 왼쪽 몸판은 안에 달아야 한다.

8 소맷부리에 바이어스테이프를 두른다

18cm 길이로 자른 바이어스테이프를 2개 준비한다. 바이어스테이프의 끝을 1cm 정도 접어놓고, 소매 밑에서부터 바이어스테이프를 두른다. 마지막에는 끝을 접지 말고, 처음 시작한 부분과 겹친 뒤에 꿰맨다. 바이어스테이프를 겉으로 꺾고 5와 같이 꿰맨다.

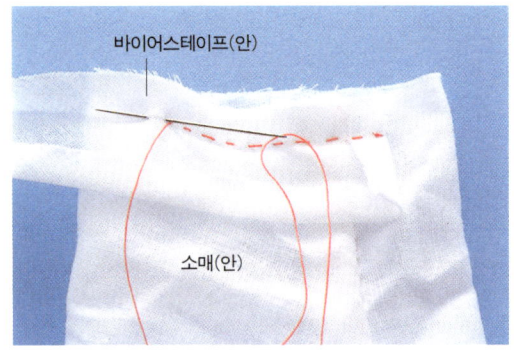

바이어스테이프(안)

소매(안)

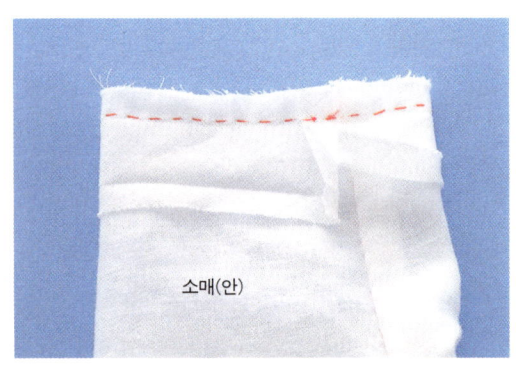

소매(안)

긴 배냇저고리 만드는 법

실물 크기 옷본 A면 ⑧

실물 크기 옷본 옮기는 법

옷본이 종이여서 뒤판을 한 번에 수복할 수 없기 때문에, 밑단 부분(옷본 번호 ⑧ 긴 배냇저고리 뒤쪽 밑단)을 분할해서 넣었다. 밑단의 옷본에는 이어붙일 때 활용할 수 있도록 1cm의 여유분을 두었다. 옷본을 뜰 때, 이 점을 잊지 않도록 주의하자. 옷본을 뜬 종이를 오린 다음, 뒤판(옷본 번호 ⑧ 앞뒤 몸판)에 포함된 1cm의 여유분에 테이프나 풀칠을 해서 두 옷본을 이어서 사용한다.

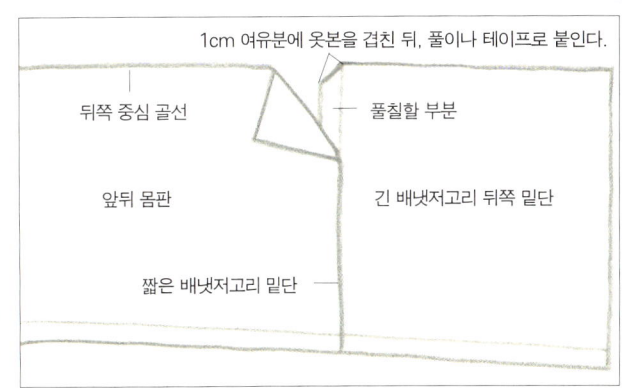

1cm 여유분에 옷본을 겹친 뒤, 풀이나 테이프로 붙인다.

뒤쪽 중심 골선 · 풀칠할 부분 · 앞뒤 몸판 · 긴 배냇저고리 뒤쪽 밑단 · 짧은 배냇저고리 밑단

재단할 때 - - - - - - - - - - - - - -

옷본 배치도에서는 옷본이 좌우로 펼쳐져 있지만, 실제로는 짧은 배냇저고리와 같이 천을 반으로 접어, 2장의 몸판을 한 번에 재단한다.

바느질할 때

바느질 순서는 짧은 배냇저고리와 같다. 몸판, 목둘레, 소맷부리의 바이어스테이프 길이는 24쪽을 참고하도록 한다. 짧은 배냇저고리와 다른 점은 목둘레의 레이스와 여밈용 끈을 다는 위치다. 레이스는 이불 커버에 달린 장식용 레이스를 활용했다. 여밈용 끈은 위치만 달라졌을 뿐, 다는 방법은 동일하다.

목둘레에 레이스를 다는 법 - - - - - - - - - - - - - - -

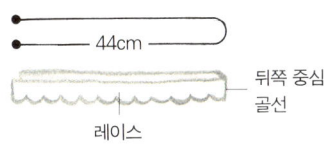

44cm

뒤쪽 중심 골선

레이스

1 레이스를 사용할 길이만큼 자른다

이불 커버의 레이스가 아닌, 시중에서 파는 레이스를 구입해서 사용해도 된다. 그런 경우에는 1cm 폭의 레이스를 44cm 정도 준비한다. 레이스가 준비되면 반으로 접어서 가운데에 표시를 해둔다.

2 겉에서부터 목둘레에 레이스를 시침질로 고정한다

몸판 겉에 레이스 안쪽을 포개고, 레이스 중심과 뒤판의 중심을 맞춰서 시침질한다.

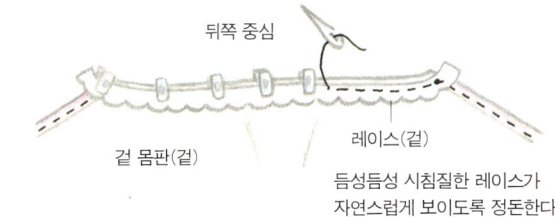

뒤쪽 중심

겉 몸판(겉)

레이스(겉)

듬성듬성 시침질한 레이스가 자연스럽게 보이도록 정돈한다.

3 레이스 위에 바이어스테이프를 올려놓고 겉에서부터 바느질한다

레이스를 임시로 시침질해놓은 몸판과 바이어스테이프의 겉이 안쪽으로 가게 맞춘다. 바이어스테이프를 안으로 접고, 겉에서부터 자수실로 꿰맨다.

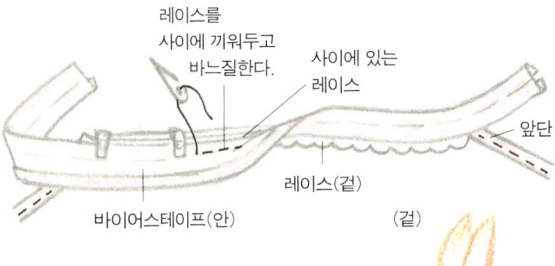

레이스를 사이에 끼워두고 바느질한다.

사이에 있는 레이스

앞단

바이어스테이프(안)

레이스(겉)

(겉)

이불 커버에서 레이스 떼는 법 - - - - - - - - - -

이불 커버 기장자리에 레이스가 달렸다면 버리지 말고 꼭 활용하도록 하자. 송곳으로 실밥을 뜨며 조심스럽게 떼어낸다.

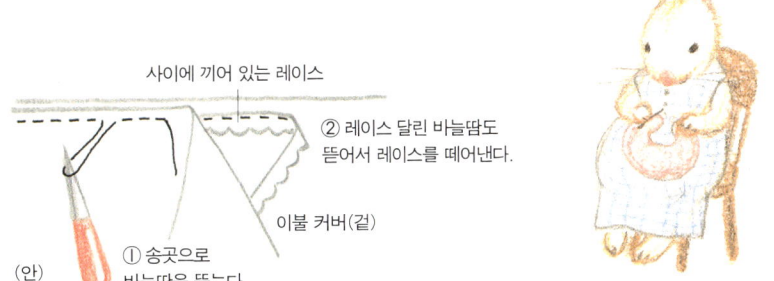

사이에 끼어 있는 레이스

② 레이스 달린 바늘땀도 뜯어서 레이스를 떼어낸다.

이불 커버(겉)

(안)

① 송곳으로 바늘땀을 뜬다.

팬츠 만드는 법

실물 크기의 옷본 A면 ⑨

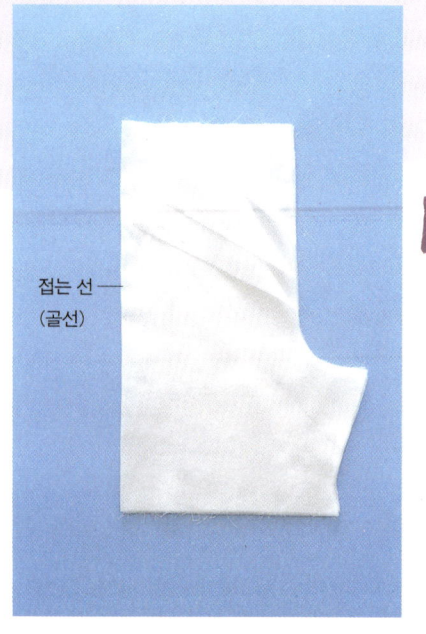

접는 선 ──
(골선)

1 마름질한다

짧은 배냇저고리나 긴 배
냇저고리와 같이 이불 커
버 2장을 포개어 반으로
접은 다음, 팬츠 옷본을
대고 재단한다. 이것을 2
장 준비한다.

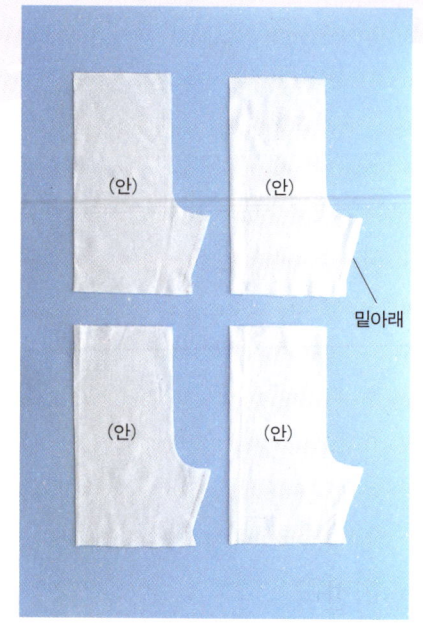

(안)　　(안)

밑아래

(안)　　(안)

2 1장씩 밑아래를 꿰맨다

마름질이 끝난 천을 1장
씩 나눠서 각각의 밑아래
를 꿰맨다. 밑아래의 시
접은 4장 모두 같은 방향
으로 꺾어준다.

홑솔 … 시접 2장을 모두 한
쪽으로 꺾는 솔기. 천 소재가
거즈라 얇기 때문에 밑아래
에 손을 넣고, 손끝으로 가볍
게 훑으면 시접이 꺾인다.

3 밑둘레를 바느질한다

① 4장 중에 2장만 겉으로 뒤집는다. 4장을
그림과 같이 밖에서부터 안, 겉, 안, 겉의 순
서로 포갠다.

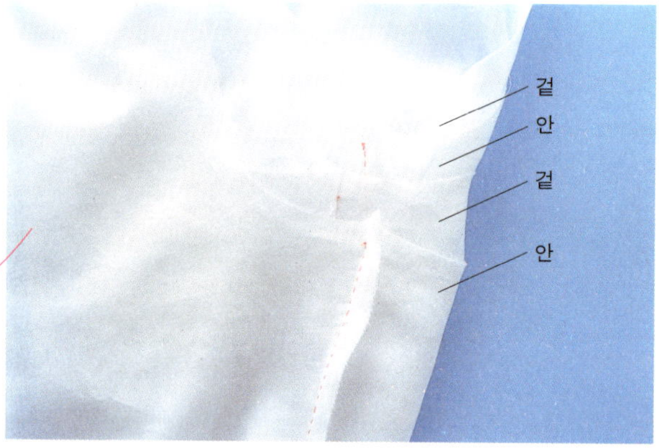

겉
안
겉
안

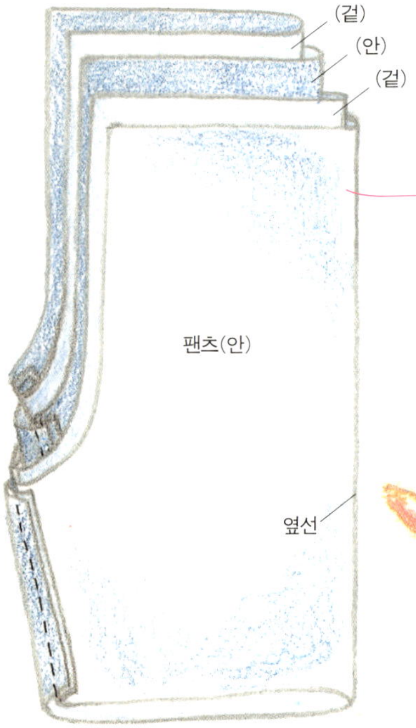

(겉)
(안)
(겉)

팬츠(안)

옆선

② 천 4장을 잘 맞춰서
겹쳐놓고 밑둘레를 함께
꿰맨다.

요령 1

시접이 겹치지 않도록
엇갈리게 바느질하면 좋아요.

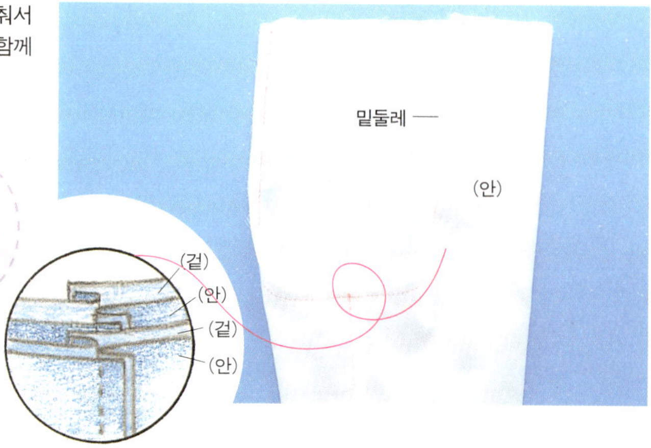

밑둘레 ──

(안)

(겉)
(안)
(겉)
(안)

4 통 상태인 천을 바지 모양이 되도록 펴준다

① 가장 위에 있는 천 1장을 잡아서 바지통 안에 집어넣는다.
② 바지통 안에서 천 2장을 같이 꺼내면 바지 모양이 된다.

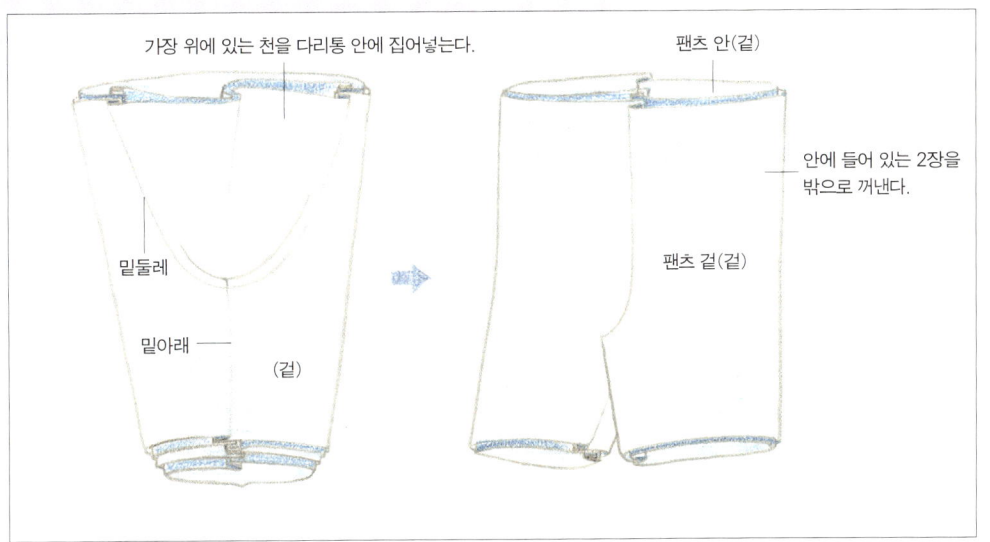

가장 위에 있는 천을 다리통 안에 집어넣는다.

밑둘레

밑아래

(겉)

팬츠 안(겉)

안에 들어 있는 2장을
밖으로 꺼낸다.

팬츠 겉(겉)

5 허리와 밑단을 마무리한다

① 천 2장의 허리 부분을 같이 1cm 안쪽으로 접고, 또 한 번 1.5cm
더 안으로 접는다. 다리미로 다린 뒤, 시침핀이나 클립으로 고정한다.

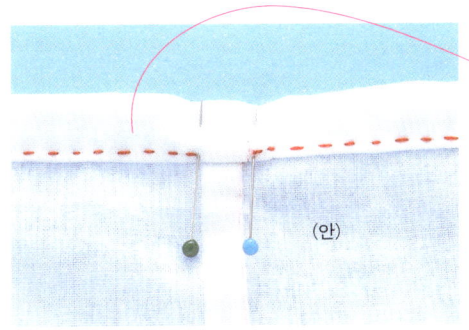

(안)

(겉)

② 손자수실 2줄(25번 손자수실은 3줄)로 앞의 가운
데를 1cm 정도 남겨놓고 바느질한다. 남겨놓은 부분
은 고무줄을 넣을 입구다.

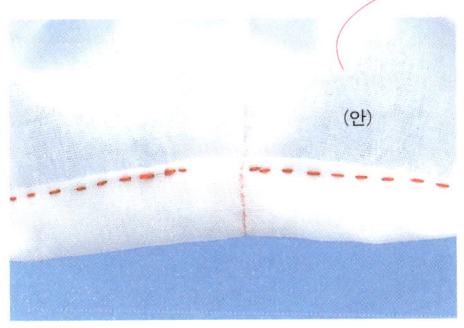

(안)

③ 팬츠의 밑단도 허리와 마찬가지
로 마무리한다. 밑단에 고무줄을
넣을 경우에는 고무줄 넣을 입구로
밑단 안쪽을 1cm 정도 남기고 바
느질한다. 22쪽과 같이 고무줄을
넣지 않는 경우에는 남길 필요가
없으므로 모두 꿰맨다.

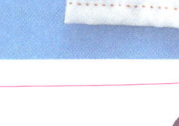

1cm 겹쳐서 바느질한다.

고무줄

6 고무줄을 넣는다

허리와 밑단에 고무줄을 넣는다. 고무줄 길이
의 기준은 허리 40cm, 밑단 20cm이다. 고무
줄 끝은 1cm 정도 포개서 그림과 같이 꿰맨다.

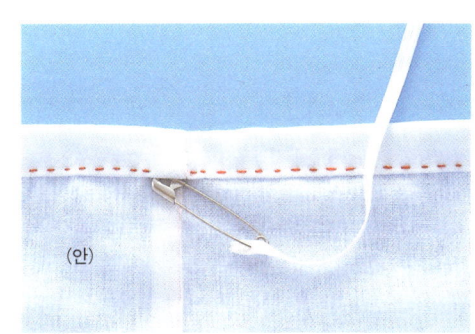

(안)

목욕용 타월로 만드는
망토

만드는 법 34 · 35쪽

겉은 거즈, 안은 타월천인 목욕용 타월을 활용하여 만든 모자 달린 망토.
흡수성뿐만 아니라 보온성도 뛰어나서 포근해요.
갓난아기일 때는 쌀쌀한 날이나, 목욕 후에 포대기 대신 사용하면 좋아요.
프리사이즈여서 2살까지 입힐 수 있는 요긴한 아이템입니다.

망토 만드는 법

실물 크기 옷본 A면 ⑩ ⑪

☆ 보기 쉽게 일부러 눈에 띄는 색상의 실을 사용했다.
  실제로 만들 때는 천에 어울리는 색상의 실을 고르도록 하자.

옷본 배치도

<table>
<tr><td>앞판</td><td>모자</td><td>뒤판</td></tr>
<tr><td></td><td>앞 중심</td><td>뒤 중심</td></tr>
</table>

125cm

67cm 폭

앞판

앞 중심

오른쪽 앞판

어깨

왼쪽 앞판

뒤판

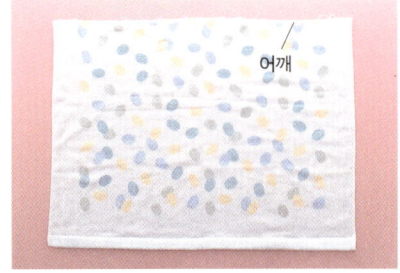

어깨

재료

한 면이 거즈인 목욕용 타월 67×125cm

재봉실 60번

가장자리에 두를 1.5cm 폭의
니트테이프 2.3m

요령 1

시접단 처리를 위한
지그재그 박음질은 디자인의 포인트가 되어
장식적인 기능도 한답니다.
실의 색상은 무늬색 중에
하나를 고르면 귀여워요.

▌ 모자 뒷부분을 바느질한다

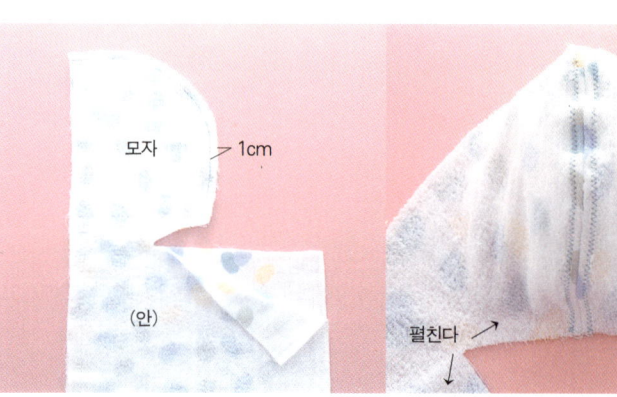

모자 1cm

(안)

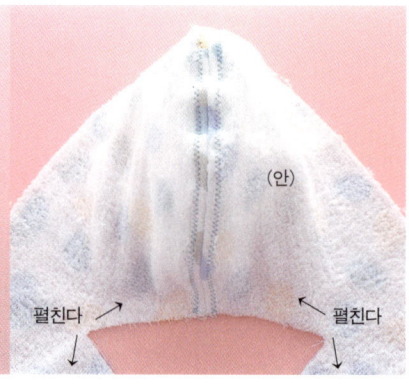

(안)

펼친다 펼친다

① 앞판을 겉이 안으로 가도록 반으로 접어
놓는다. 모자 가장자리에서 안으로 1cm 들
어간 곳을 바느질한다.

② 시접은 좌우로 갈라서 가름솔하고, 시접의
올이 풀리지 않도록 지그재그 박음질을 해준다.
③ 반으로 접혀 있는 모자를 펼쳐놓는다.

2 뒤판과 맞춰서 어깨선을 바느질한다

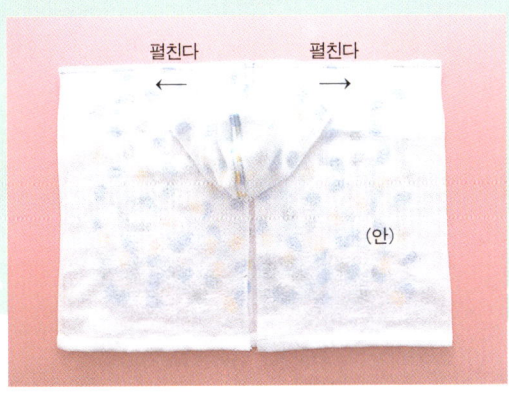

펼친다　　펼친다

(안)

(안)

겉에서 볼 때

지그재그 박음질

① 1을 펼쳐서, 뒤판의 겉이 안으로 가게 놓고 클립으로 고정한 뒤, 곡선을 직선이 되도록 당겨서 1cm 폭으로 바느질한다.

② 시접은 좌우로 가르고, 시접 끝은 지그재그 박음질을 해준다.

3 앞 중심과 모자 가장자리를 니트 테이프로 감싼다

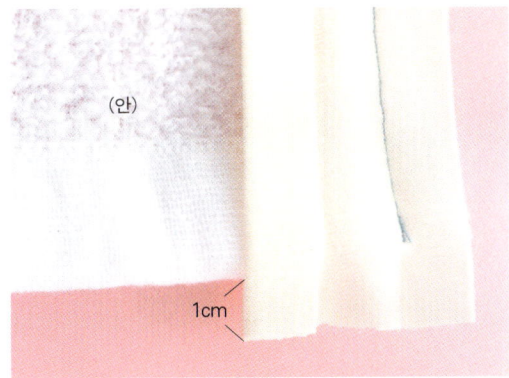

(안)

1cm

(겉)

(겉)

② 이 사이에 넣는다.

접는다.

① 접는다.

① 니트테이프의 겉과 타월의 안쪽을 맞대놓고 바느질한다. 니트테이프의 시작과 끝부분에는 타월보다 1cm 정도의 여유분을 둔다.

② 니트테이프를 겉으로 접고, 바늘땀을 감추듯이 송곳으로 누르면서 지그재그 박음질한다. 니트테이프의 시작과 끝부분에 남긴 1cm의 여유분은 그림과 같이 접어서 꿰맨다.

4 소맷부리를 남기고 옆선을 바느질한다

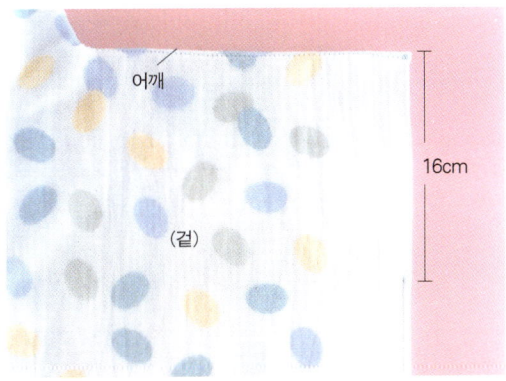

어깨

16cm

(겉)

소맷부리를 16cm만 남기고 바느질한다. 밑단이 되는 타월의 가장자리는 다른 부분보다 두꺼워서 바느질하기 어렵기 때문에 바느질하지 않고 끝단 그대로 둔다.

5 앞 중심에 끈을 단다

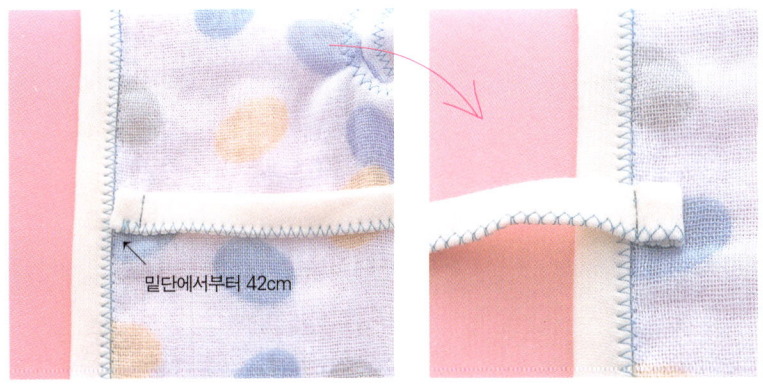

밑단에서부터 42cm

바이어스테이프를 37cm 길이로 자른 다음, 반으로 접어서 지그재그 박음질한다. 끈의 한쪽 끝은 위의 그림과 같이 접어서 마무리한다. 이렇게 만든 끈은 왼쪽과 오른쪽 앞 중심의, 밑단에서 42cm 올라간 곳에 사진과 같이 바느질해서 단다.

세안용 타월로 만드는
조끼

만드는 법 38 · 39페이지

끝단을 제거한 세안용 타월을 반으로 접고
가장자리에 코바늘로
버튼홀스티치와 같은 짧은뜨기만 해주면 되는
대단히 만들기 쉬운 조끼입니다.
날씨가 쌀쌀할 때는 위에 겹쳐 입고,
여름에는 조끼 하나만 입어도 좋아요.
1년 내내 다양하게 활용할 수 있고
프리사이즈여서,
2살이 될 때까지 충분히 입을 수 있어요.
아기와 풀장에 갈 때 챙겨가도 좋아요.

조끼 만드는 법

☆ 보기 쉽게 일부러 눈에 띄는 색상의 실을 사용했다.
실제로 만들 때는 천에 어울리는 색상의 실을 고르도록 하자.

재료

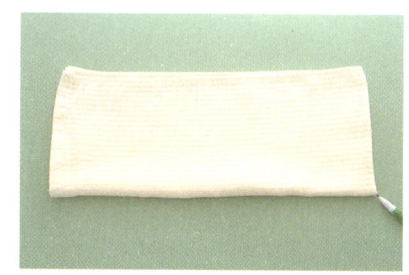

재봉실 60번

세안용 타월
35×80cm

안감용 거즈
34×25cm

누빔용 실

1 목둘레에 표시를 한다

① 겉이 밖으로 오도록 타월을 2번 접고, 사진과 같이 모서리 끝에 초크펜으로 표시를 한다.

② 거즈에 옷본을 대고 그린 뒤, 거즈의 안내선 교점과 타월의 표시를 맞추고 시침핀으로 고정한다.

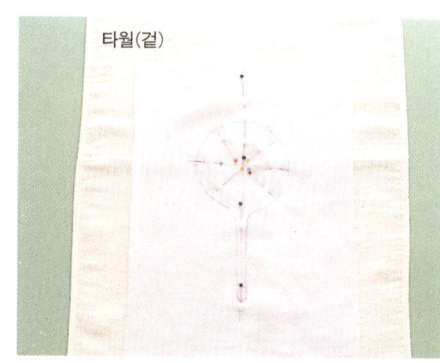

타월(겉)

2 목둘레 선을 따라 재봉틀로 박는다

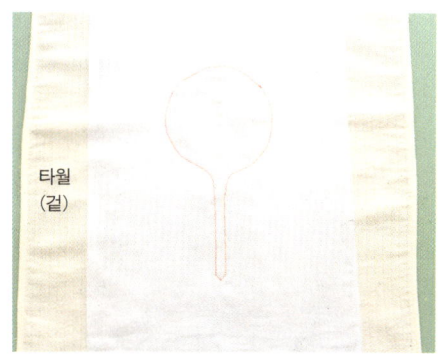

타월
(겉)

타월과 거즈 2장을 겹쳐놓은 상태에서 표시 선을 따라 재봉틀로 박는다.

3 목둘레를 잘라내고 가위집을 넣는다

목둘레의 바늘땀으로부터 1cm 안으로 들어가서, 타월과 거즈 2장을 같이 잘라낸다. 그런 다음 목둘레의 각진 부분을 사진과 같이 비스듬하게 잘라준다.

4 거즈를 타월 안쪽으로 집어 넣는다

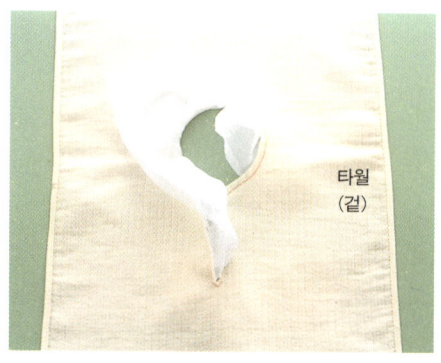

타월
(겉)

잘라낸 목둘레에서 거즈를 타월 안쪽으로 집어넣는다.

5 거즈와 타월을 재봉틀로 박는다

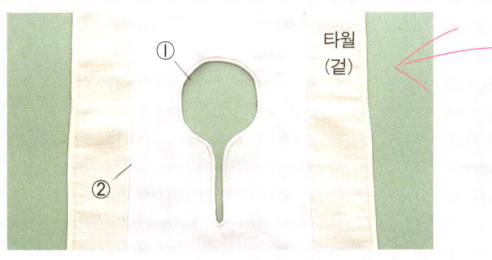
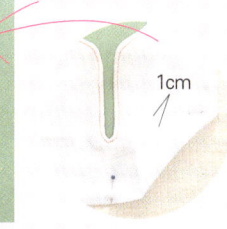

① 목둘레와 구멍이 뚫린 안쪽 주변을 손다림질(→ 14쪽)로 정돈하고, 거즈 쪽부터 끝단 박기로 눌러준다.

② 거즈의 가장자리를 반으로 접어서 타월에 시침핀으로 고정한 다음 끝단 박기를 해준다.

6 옆선을 바느질한다

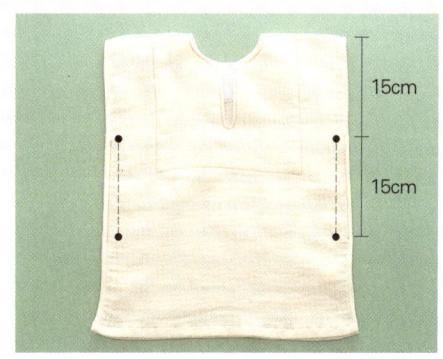

15cm

15cm

소맷부리와 트임 부분을 남기고, 옆선을 바느질한다. 바느질 처음과 끝에는 되돌아박기한다.

7 타월 가장자리는 누빔용 실로 테를 둘러준다

타월의 겉을 보면서, 코바늘 2호로 버튼홀 스티치와 같은 짧은뜨기를 한다. 소맷부리와 옆선 트임 부분, 밑단, 목둘레는 1장씩 바느질하고, 옆선 박음질한 부분만 2장을 함께 감친다. 그림의 번호 순서대로 뒤판 소맷부리 아래부터 바느질을 시작한다.

버튼홀스티치와 같은 짧은뜨기를 계속한다.

시작

코바늘을 천에 꽂고 실을 잡아당긴다.

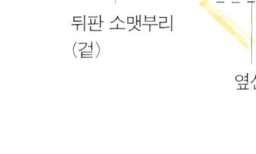

뒤판 소맷부리 (겉)

소맷부리 끝

옆선

③

○ 바느질 시작
● 바느질 끝

①

②

끝

마지막 실

처음 시작한 실 (겉)

실을 7cm 남기고 자른 다음, 마지막 그물코에서 꺼낸다.

마지막

(안) 실의 끝

8 목둘레에 끈을 단다

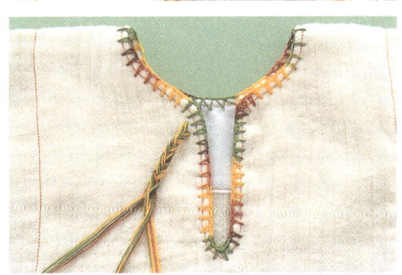

① 자수실을 55cm 길이로 6줄 준비한 뒤, 끈을 붙일 위치에 코바늘로 단다.

② 양쪽의 6줄을 합쳐서 총 12줄인 자수실을, 4줄씩 세 갈래로 나눠서 땋는다. 끈의 끝을 한 번 매듭지어 땋은 끈이 풀리지 않도록 한다. 우르쪽도 똑같이 땋아준다.

요령 1

누빔용 실은 한 번 풀어서 새로 감아줘야 사용할 때 편해요.

① 라벨을 떼어내고 둥근 상태로 만든다.

② 실의 끝을 찾아서 쓰지 않는 실패 등에 감는다.

요령 2

자수는 직선으로 너무 고른 것보다 약간 삐뚤삐뚤한 편이 귀여워요.

9 가슴에 자수를 놓는다

나중에 지워지는 초크펜으로 표시를 한 뒤, 이것을 기준으로 심아 자수를 놓는디. 자수의 도안은 실물 크기 옷본을 참고로 하자.

타월의 무늬를 살린
오버팬츠와 삑삑이 · 딸랑이

팬츠 만드는 법 42 · 43쪽
삑삑이 · 딸랑이 만드는 법 44 · 45쪽

세안용 타월의 무늬를
살려서 만든 오버팬츠는
타월의 선택이 가장 중요해요.
아기가 기어 다닐 때 귀엽게 보이도록
무늬가 엉덩이 중앙에 오게 배치했어요.
아기가 기저귀를 뗀 뒤에는
트레이닝팬츠로 이용할 수 있어요.
게와 물고기 모양의 삑삑이와 딸랑이도,
타월의 무늬를 그대로 살려서 만들었어요.
패딩 솜과 함께 플라스틱 삑삑이와
방울을 넣었어요.

오버팬츠 만드는 법

실물 크기 옷본 B면 ⑬ 가로무늬용 ⑭ 세로무늬용

☆ 보기 쉽게 일부러 눈에 띄는 색상의 실을 사용했다.
실제로 만들 때는 천에 어울리는 색상의 실을 고르도록 하자.

재료

세안용 타월 34×75cm

1.2cm 폭 바이어스테이프 1m

60번 재봉틀 실
0.5cm 폭 고무줄 1.5m

요령 1

타월 무늬의 배치에 따라
가로무늬용 옷본과 세로무늬용 옷본을
구분해서 사용하는 것, 잊지 마세요.
집오리 무늬 팬츠는
가로무늬용 옷본을,
40쪽의 코끼리 무늬는
세로무늬용 옷본을 사용했어요.

요령 2

바느질하기 전에
천 가장자리의 올이
풀리지 않게 처리해주세요.

1 타월 위에 옷본을 놓고 재단한다

타월의 겉이 위로 오게 놓는다. 팬츠 엉덩이 부분에 무늬가 오도록 옷본
을 배치한 뒤, 시침핀으로 고정한다. 이대로 재단하고 옷본을 떼어낸다.

2 팬츠 밑단을 제외한 타월의 모든 가장자리를 올이 풀리지 않게 처리한다

감침질 노루발(→ 21쪽)을 사용하여, 타월의 올이 풀리지 않게 팬츠
밑단을 제외한 모든 가장자리에 지그재그 박음질을 한다.

2.5cm
꿰매지 말고
남겨둔다.

3 옆선과 밑아래를 맞춰서 바느질 한다

타월의 겉이 안으로 들어가게 놓는다. 고무줄을 넣을 입구를 남겨놓고, 옆선과 밑아래를 직선으로 꿰맨다.

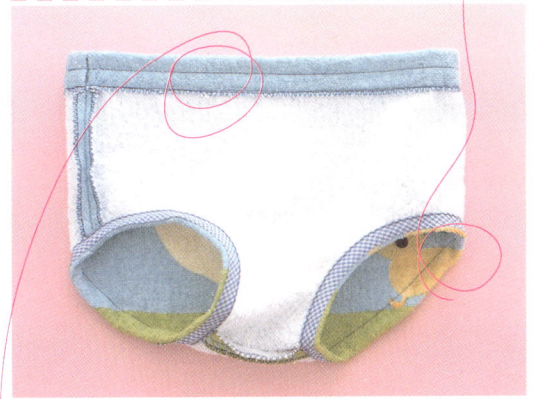

요령 4

오버팬츠를 만들 때,
팬츠 밑단은 재봉틀의
머리 부분에서 바느질하면
박음질하기 편해요.

3cm

5 허리를 접어서 고무줄 넣을 공간 을 만든다

옆선의 시접은 좌우로 갈라서 가름솔한다. 꿰매지 않고 남겨놓은 부분을 포함해서 허리를 3cm 정도 안으로 꺾어 넣은 뒤, 재봉틀로 박는다. 허리 가운데를 한 번 더 재봉틀로 박아서, 고무줄 넣을 공간을 2곳 만든다.

요령 3

세로무늬용 옷본을 이용해
재단할 경우, 한쪽 옆선만
고무줄 넣을 입구를 남기고
다른 쪽 옆선은 모두 꿰매주세요.

4 팬츠 밑단에 바이어스테이프를 둘러서 고무줄 넣을 공간을 만든다

1cm

① 바이어스테이프와 팬츠의 겉과 겉을 맞댄다. 바이어스테이프의 처음 부분을 1cm 접어서 클립으로 고정한다. 이 부분이 고무줄 넣을 입구가 되므로, 바이어스테이프를 두르는 것은 뒤판의 가운데부터 시작한다.

② 바이어스테이프의 접은 선보다 0.2cm 위로 올라가서 바느질한다. 바이어스테이프를 다 두르고 나면 끝도 처음과 같이 1cm 접는다. 처음과 끝의 윗부분이 살짝 겹치게 놓고 되돌아박기한다.

③ 바이어스테이프를 안쪽으로 꺾은 다음, 가이드 라이너를 사용해서 일정한 폭으로 재봉틀로 박는다. 바이어스테이프를 안쪽으로 꺾을 때, 타월도 0.2cm 정도 접어준다.

6 허리와 팬츠 밑단에 고무줄을 끼워 넣는다

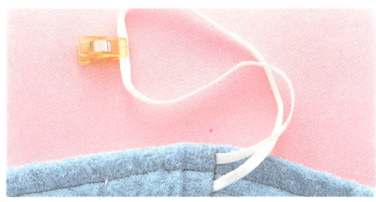

① 허리용으로 사용할 고무줄을 87cm 길이로 자른다. 고무줄을 접어서 반이 되는 지점에 초크펜으로 표시를 하고 클립으로 고정한다. 끝에는 옷핀을 끼운다. 팬츠 밑단용으로는 28cm 길이의 고무줄 2줄이 필요하다.

② 허리는 고무줄 넣을 입구에 고무줄 2줄을 함께 넣는다. 팬츠 밑단은 1줄씩 고무줄을 끼운다. 고무줄 길이는 어디까지나 표준 길이이므로, 아기의 사이즈에 맞게 정하면 된다. 고무줄 끝 처리는 31쪽과 같이 처음과 끝을 포개서 바느질한다.

삐삐이·딸랑이 만드는 법

☆ 보기 쉽게 일부러 눈에 띄는 색상의 실을 사용했다.
실제로 만들 때는 천에 어울리는 색상의 실을 고르도록 하자.

재료

손님용 타월(삐삐이와 딸랑이에 적당한 크기의 무늬가 있는 것)

그 외에 패딩 솜, 삐삐이나 방울   재봉실 60번

❯ 마음에 드는 무늬를 잘라낸다

무늬 주위에 1cm 정도 여유를 두고 자른다. 삐삐이의 뒤판으로 삼고 싶은 부분은 겉이 안으로 가게 포개서 같은 모양으로 잘라낸다.

0.5cm

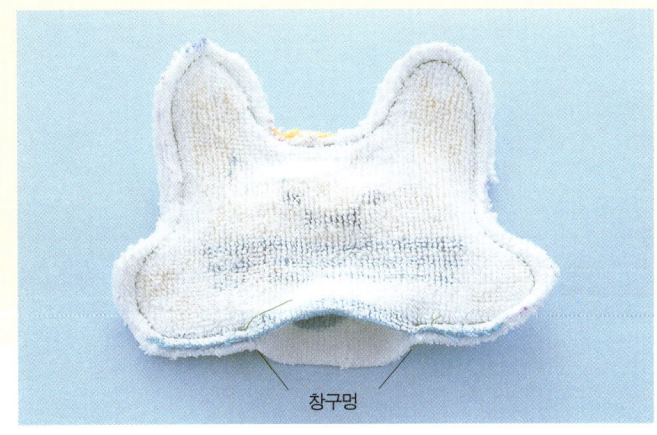

창구멍

2 창구멍만 남기고 모두 바느질한다

앞판과 뒤판의 겉을 맞대어놓고, 창구멍에서부터 박음질을 시작한다. 곡선 부분은 작은 바늘땀으로 한 땀 한 땀 천천히 재봉틀로 꿰맨다.
사이에 있는 곡선은 사진과 같이 끝을 직선이 되게 당겨서 꿰맨다. 창구멍에서 바느질이 끝나면 되돌아박기를 해준다.

3 패딩 솜과 삑삑이를 채워 넣는다

창구멍을 통해 겉으로 뒤집는다. 패딩 솜과 삑삑이를 넣고 공그르기(→ 13쪽)로 창구멍을 마무리한다. 이것으로 삑삑이 완성.

방울을 넣으면
딸랑이가 된다.

무늬가 작을 경우는 앞판의 무늬를 오린 다음.
뒤판용 천을 대충 크기에 맞춰 잘라주세요.
그리고 앞판과 뒤판을 포개서 꿰맨 다음
앞판 무늬에 맞춰서 시접을 자르면
만들기 쉬워요.

베이비드레스와
한 세트인 턱받이와 모자

베이비드레스 만드는 법 48~52쪽, 턱받이 만드는 법 53쪽,
모자 만드는 법 54쪽

병원에서 퇴원하는 날이나
백일 기념일과 같이 경사스러운 날에는
축하의 의미로 애정 어린 손길로 직접 만든
드레스를 입혀주세요.
소매는 아기가 움직이기 쉽고,
착용감도 좋은 라글란 소매로 만들었어요.
만드는 법도 아주 간단해요.
감촉이 부드럽고,
고운 색상의 무늬가 찍힌 거즈에
레인보우사로 지그재그 박음질하여
포인트를 주세요.
이 드레스에는 하얀 거즈의 턱받이와
모자를 매치해봤어요.
한 세트로 만든 턱받이와 모자는
다른 옷과 예쁘게 매치해보세요.

베이비드레스 만드는 법

실물 크기 옷본 B면 ⑮, ⑯, ⑰

☆ 보기 쉽게 일부러 눈에 띄는 색상의 실을 사용했다.
홈질할 실은 천의 색상에 어울리는 것을 고르고,
레인보우사로 지그재그 박음질을 할 때는 포인트가 될 수 있는 색상을 고르도록 하자.

재료

더블 거즈 70cm×160cm

레인보우사　　재봉실 60번

그 외에 플라스틱 똑딱단추 6쌍
0.5cm 폭 고무줄 28cm

옷본 배치도

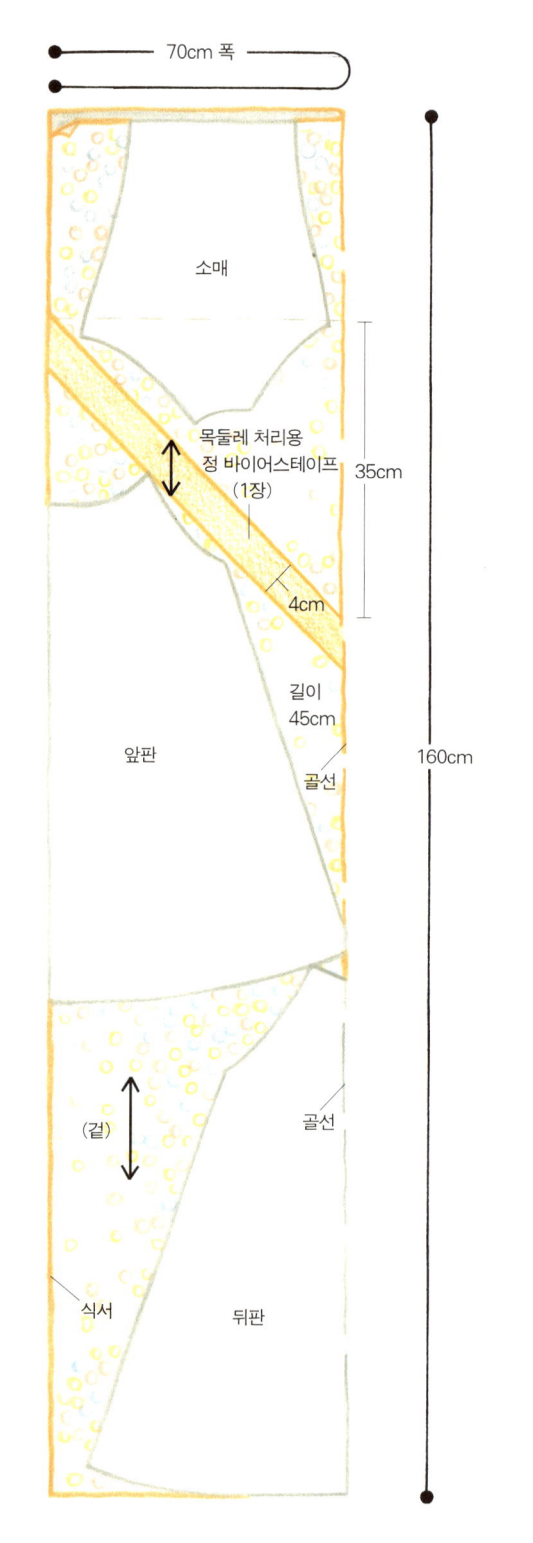

70cm 폭

소매

목둘레 처리용
정 바이어스테이프
(1장)

35cm

4cm

길이
45cm

앞판

골선

160cm

(겉)

골선

식서

뒤판

재단한 모양

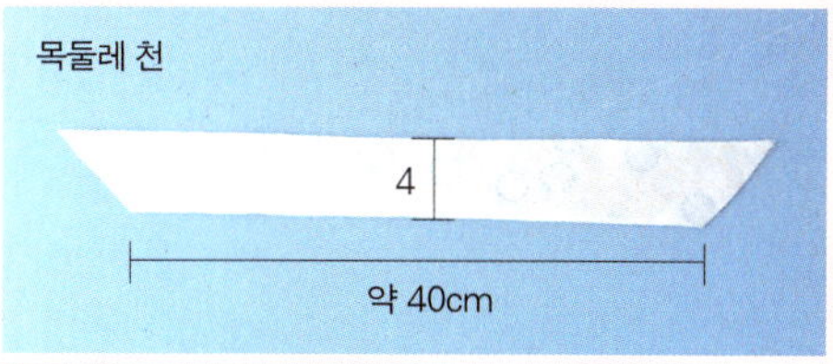
목둘레 천
4
약 40cm

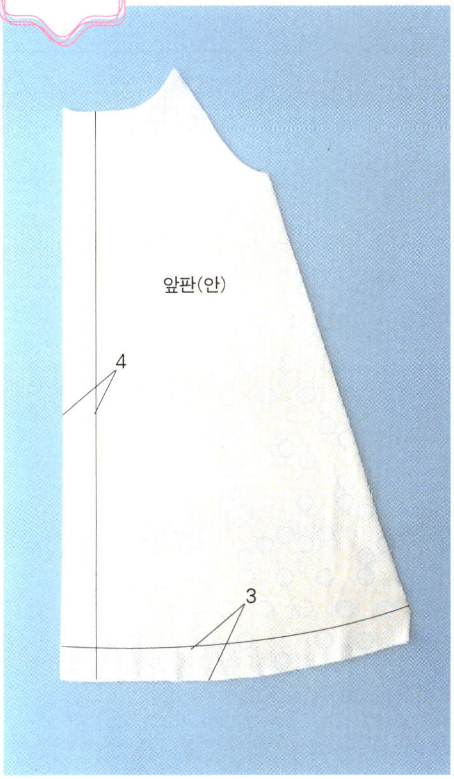
앞판(안)
4
3

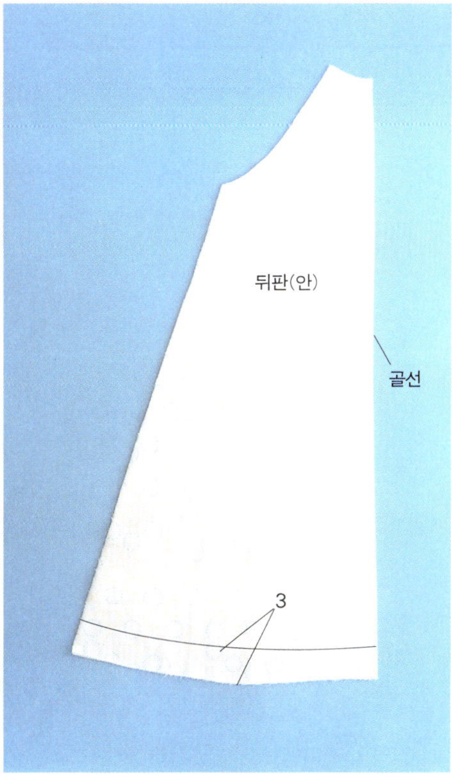
뒤판(안)
골선
3

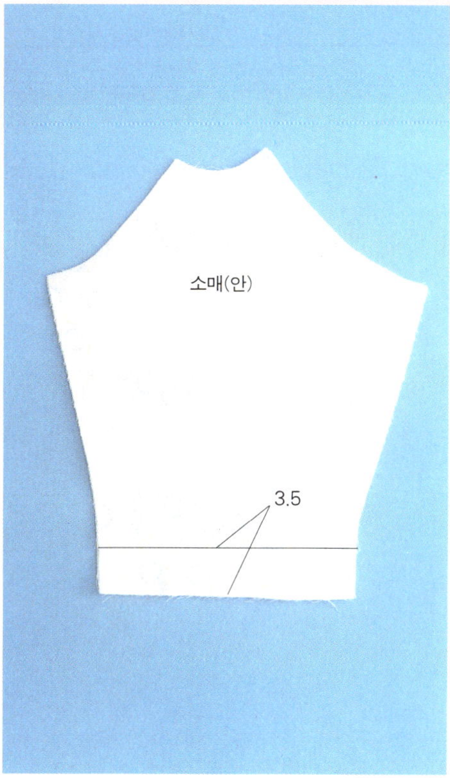
소매(안)
3.5

IRON SCALE

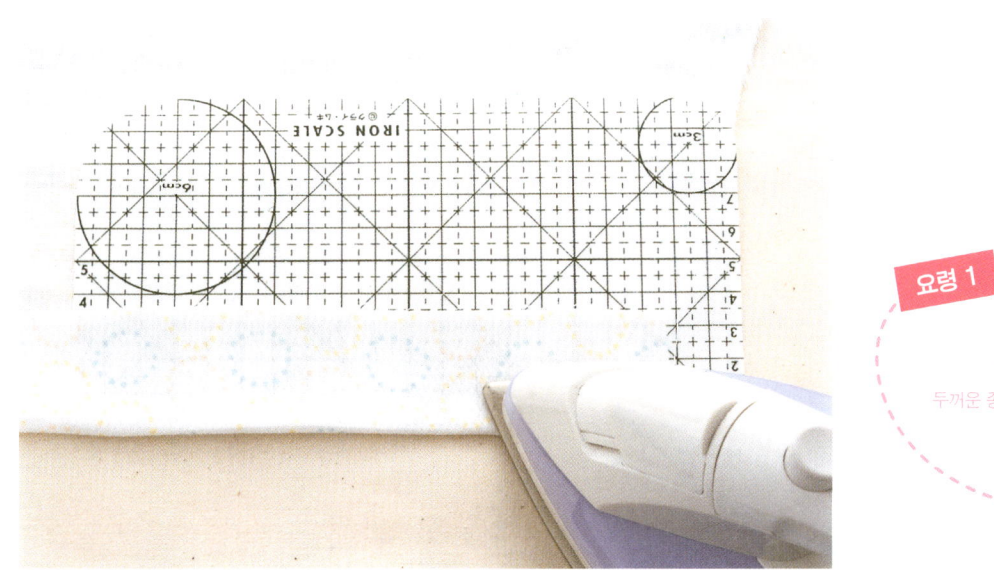

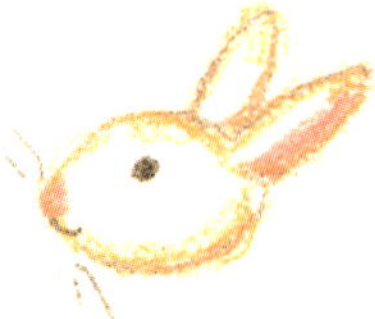

요령 1

아이론 스케일이 없으면
두꺼운 종이에 접을 폭에 맞게 선을 그려서
사용해도 돼요.

1 밑단, 소맷부리, 안단은 접어서 다리미로 눌러준다

밑단 3cm, 소맷부리 3.5cm, 앞판의 안단 4cm, 아이론 스케일을 사용해서 옷감의 겉이 밖으로 오게 반으로 접은 다음 다리미로 접은 선을 만들어준다.

2 소매와 몸판을 맞춰서 바느질한다

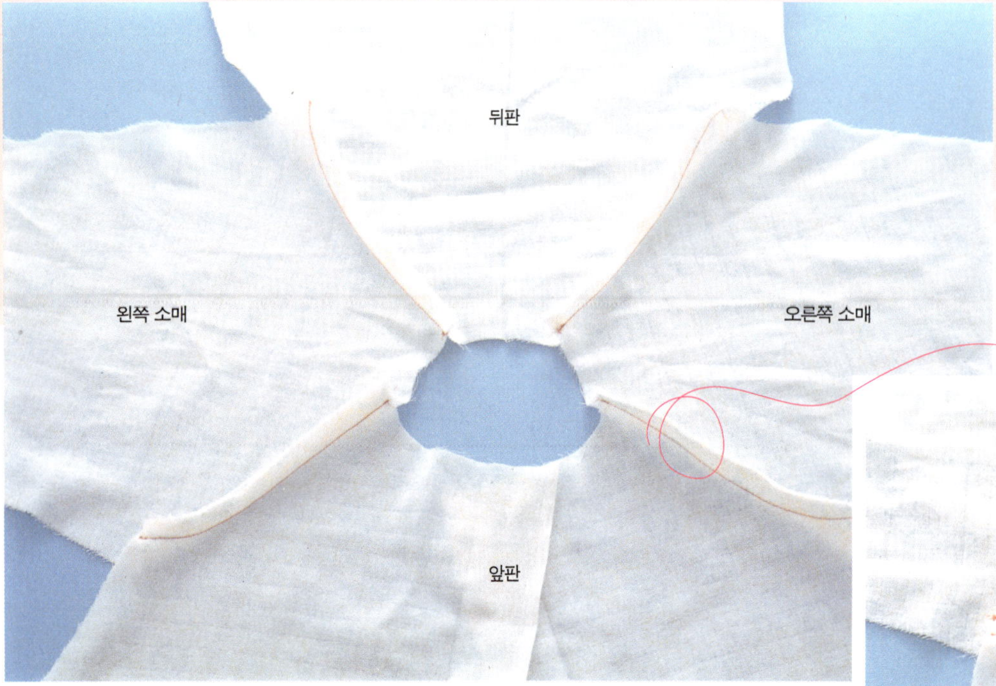

① 소매와 몸판의 옷감을 겉이 안쪽으로 가게 놓고 1cm의 시접을 두고 꿰맨다.

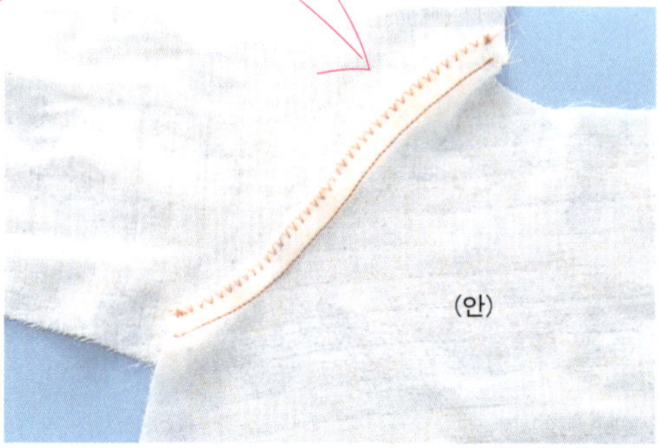

② 시접이 주름지지 않도록 재봉틀을 이용해 지그재그 박음질을 한다. 시접은 어깨 쪽으로 꺾어준다.

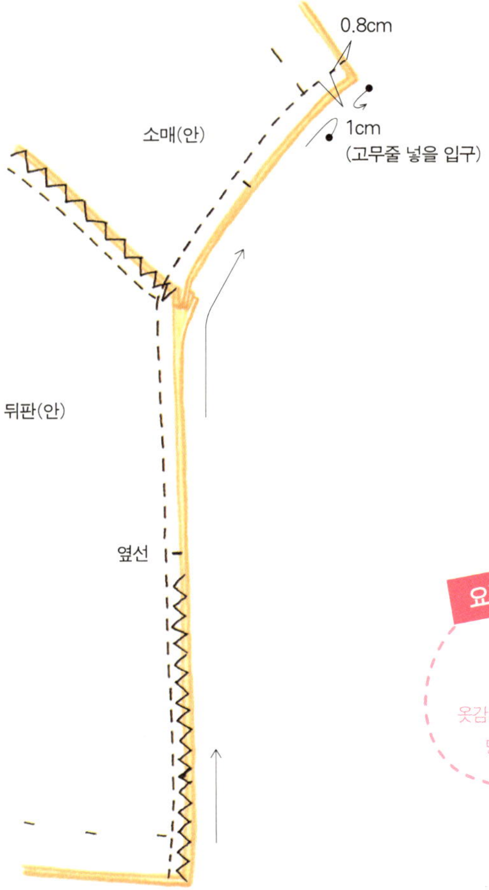

뒤판

왼쪽 소매

오른쪽 소매

앞판

(안)

0.8cm

소매(안)

1cm
(고무줄 넣을 입구)

뒤판(안)

옆선

3 밑단 → 옆선 → 소매 밑 순서로 바느질한다

① 몸판과 소매의 겉이 안쪽으로 가게 놓고, 옆선과 소매 밑을 맞춘 뒤, 클립으로 고정한다.

② 가이드 라이너를 사용해서 시접 1cm를 두고 밑단에서부터 바느질을 시작하여, 소맷부리에서 1.8cm 떨어진 곳에서 바느질을 멈춘다. 그런 다음 소맷부리에서 0.8cm 정도 꿰맨다. 남은 1cm는 고무줄 넣을 입구가 된다.

③ 직선으로 박은 부분은 지그재그 박음질로 올이 풀리지 않게 처리해준다.

④ 마지막으로 시접은 앞판 방향으로 꺾어준다.

요령 2

옆선 아래의 곡선은
옷감의 끝단을 가능한 한 직선이 되게
당겨서 재봉틀로 박아주세요.

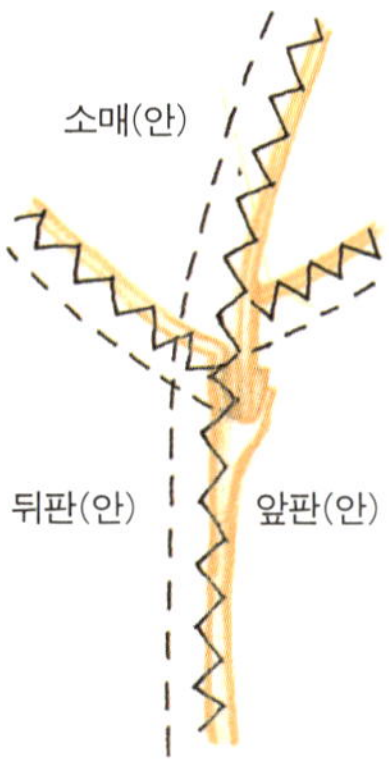

소매(안)

뒤판(안)   앞판(안)

4 양면 열 접착테이프를 이용해서 밑단을 마무리한다

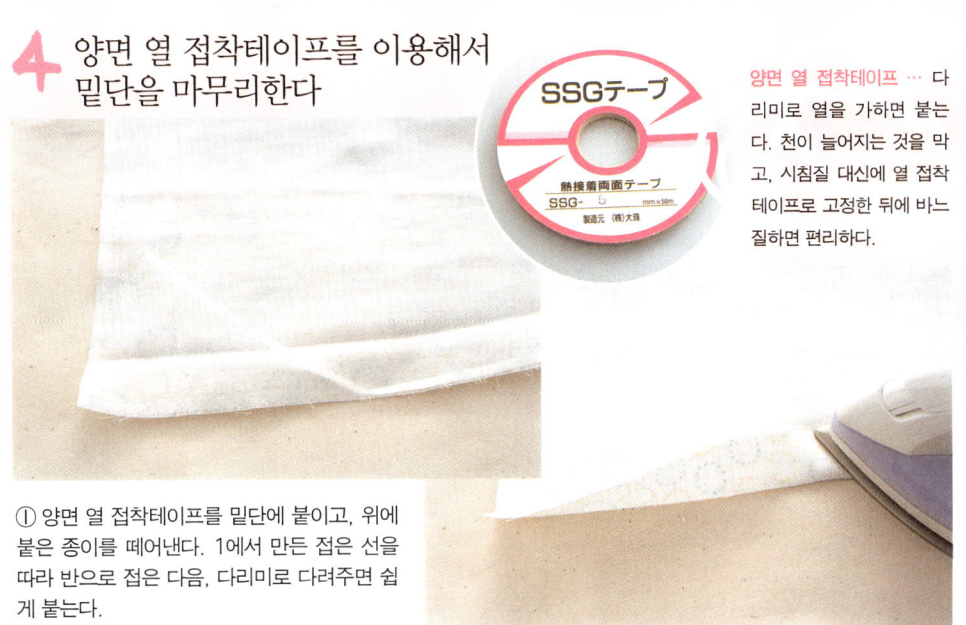

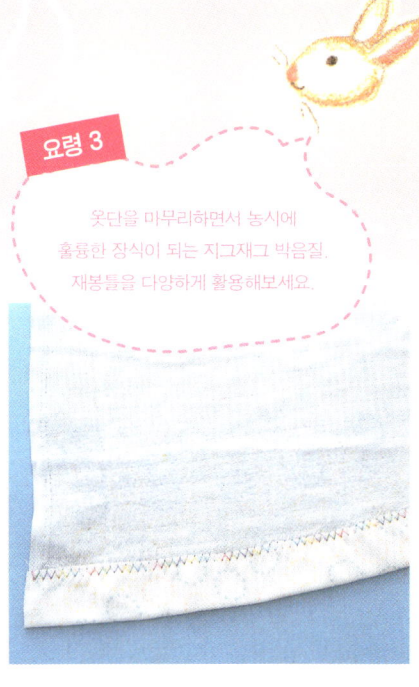

양면 열 접착테이프 … 다리미로 열을 가하면 붙는다. 천이 늘어지는 것을 막고, 시침질 대신에 열 접착테이프로 고정한 뒤에 바느질하면 편리하다.

요령 3

옷단을 마무리하면서 동시에 훌륭한 장식이 되는 지그재그 박음질. 재봉틀을 다양하게 활용해보세요.

① 양면 열 접착테이프를 밑단에 붙이고, 위에 붙은 종이를 떼어낸다. 1에서 만든 접은 선을 따라 반으로 접은 다음, 다리미로 다려주면 쉽게 붙는다.

② 재봉실을 레인보우사로 바꾼 뒤, 안쪽에서 지그재그 박음질로 단 처리를 한다.

5 밑단과 안단에 지그재그 박음질을 한다

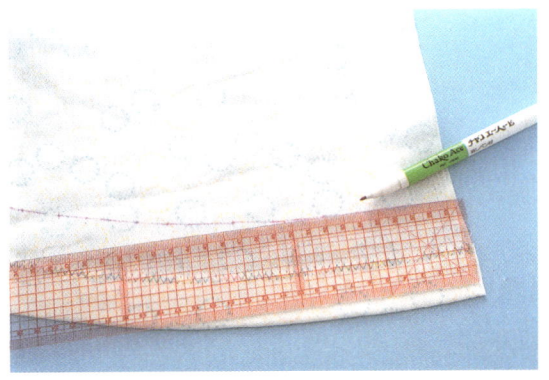

① 겉으로 뒤집은 다음, 밑단 처리한 지그재그 박음질에서 3cm 위로 올라간 곳에, 그리고 거기서 다시 3cm 올라간 곳에 초크펜으로 2개의 평행선을 그린다.

② 겉에서 평행선을 따라 지그재그 박음질을 한다. 2줄 모두 지그재그 박음질이 끝나면 지우개 펜으로 표시를 지운다.

3cm

3cm

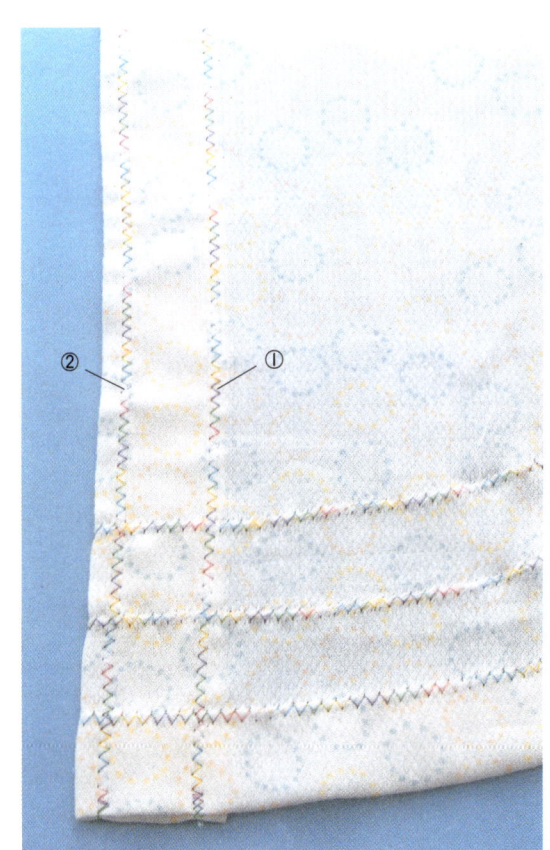

② ①

③ 왼쪽과 오른쪽 앞판의 안단에도 사진에 나온 번호 순서대로 평행하게 지그재그 박음질을 해준다.

6 목둘레 천으로 바이어스테이프를 만든다

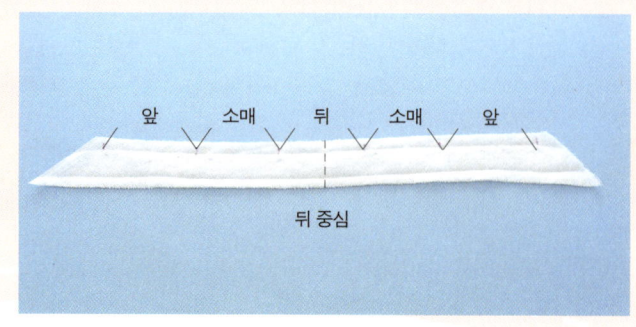

① 목둘레 천을 1.8cm 바이어스테이프 메이커(→ 26쪽)를 이용하여 바이어스테이프를 만든다.

② 옷본을 바이어스테이프 위에 놓고, 몸판과 맞댈 부분을 초크펜으로 표시한 뒤 마름질한다.

7 목둘레 천을 바느질한다

재봉실을 60번으로 바꾼다. 목둘레 천에 초크펜으로 표시한 것을 기준으로 몸판의 안과 목둘레 천의 겉을 맞대고 직선 박음질한다. 시접을 감싸듯이 목둘레 천을 겉으로 꺾는다. 다시 재봉실을 레인보우사로 바꾼 다음, 겉에서부터 지그재그 박음질을 해준다. 앞의 모서리는 그림과 같이 접어서 꿰맨다.

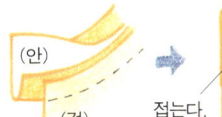
(안)
(겉)

접는다.

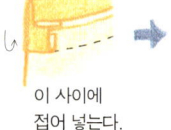
이 사이에 접어 넣는다.

지그재그 박음질로 마무리한다.

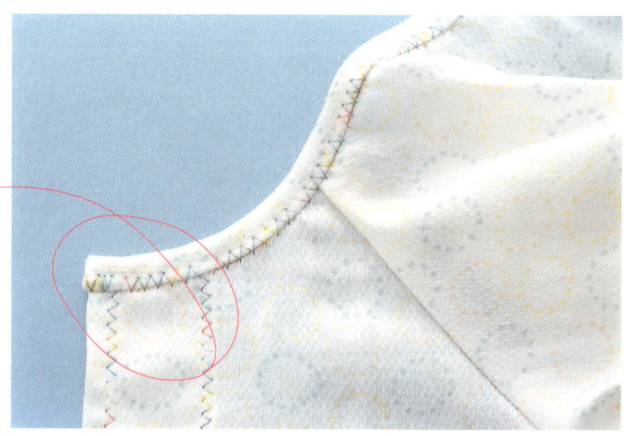

8 소맷부리를 꿰매고 고무줄을 넣는다

① 소맷부리는 다리미로 만든 접은 선을 따라 안쪽으로 접은 다음, 끝단은 지그재그 박음질로 고정한다. 단의 중간쯤 되는 부분에도 지그재그 박음질을 해준다. 3에서 바느질하지 않고 남겨둔 부분이 소맷부리용 고무줄을 넣을 입구가 된다.

② 고무줄을 넣는다. 길이의 기준은 14cm이지만, 아기의 손목둘레에 맞춰서 조절한다. 고무줄의 끝은 31쪽과 같이 처음과 끝을 포개서 꿰맨다.

9 플라스틱 똑딱단추를 단다

옷본에서 똑딱단추 붙이는 위치를 참고하여, 플라스틱 똑딱단추(부착하는 방법 17쪽)를 단다. 오른쪽 몸판에 달 때는 겉에 표시가 나지 않도록 안단에 단다.

턱받이 만드는 법

실물 크기 옷본 B면 ⑱

☆ 보기 쉽게 일부러 눈에 띄는 색상의 실을 사용했다.
　홈질할 실은 천의 색상에 어울리는 것을 고르고,
　지그재그 박음질은 좋아하는 색상의 레인보우사를 사용한다.

재료

더블 거즈 108×40cm(모자와 세트인 경우)
재봉실 60번
레인보우사
1cm 폭 리본(턱받이용 2m, 모자용 1m)

옷본 배치도
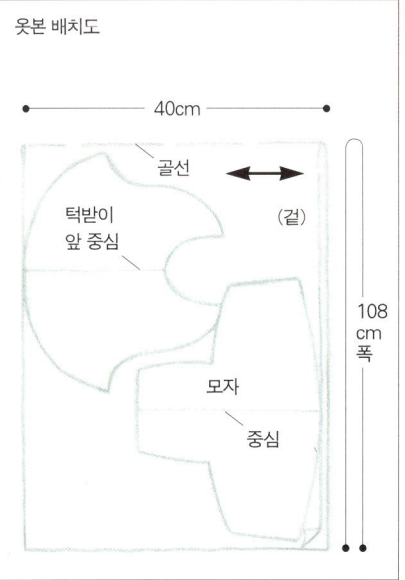

40cm

골선

턱받이
앞 중심

(겉)

모자

중심

108
cm
폭

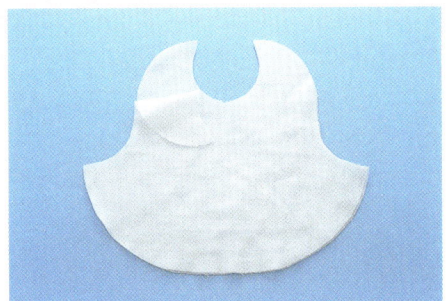

1 재단한다

거즈 2장을 겹친 뒤, 옷본을 위에 놓고 시침핀
으로 고정한 다음 재단한다.

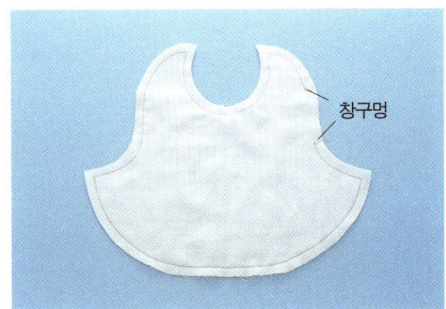

창구멍

2 겉이 안으로 가게 놓고 바느질한다

거즈 2장의 겉과 겉을 맞댄 뒤, 창구멍만 남
기고 모두 바느질한다.

3 창구멍을 통해 겉으로 뒤집는다

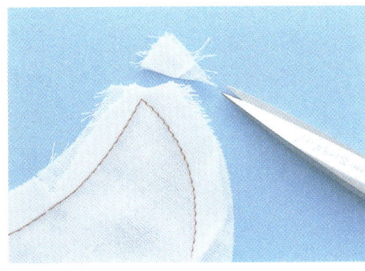

① 턱받이의 모서리를 자른다.

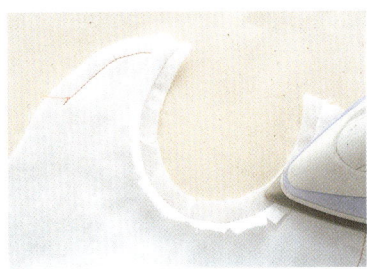

② 목둘레에 가위집을 넣고 시접을 펼친다.

③ 시접을 정리하고, 창구멍을
통해 겉으로 뒤집는나. 모서리
를 뒤집을 때는 손가락을 넣어
겉으로 뒤집은 다음, 송곳으로
정리해준다.

(안)　➡　(겉)

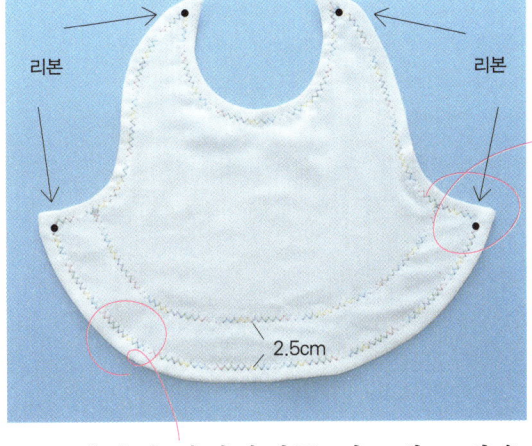

리본　　　　　리본

2.5cm

4 턱받이 가장자리를 지그재그 박음질해준다

가장자리를 클립으로 고정한 뒤, 실을 레인보우사로 바
꾸고 지그재그 박음질을 한다. 창구멍은 따로 막지 않
아도 지그재그 박음질로 마무리된다.

이렇게 시간을 들여
조심스럽게 뒤집으면
모양이 예쁘게 집혀요.

5 리본을 4곳에 단다

리본은 옆선용 60cm 2줄, 뒤판용
40cm 2줄을 자른다. 준비된 리본
을 옆선과 뒤판에 단다. 마지막에
리본의 끝을 V자로 잘라준다.

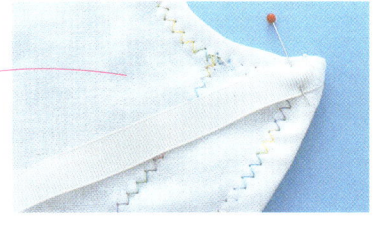

① 시침핀이 꽂혀 있는 부분을 꿰맨다.

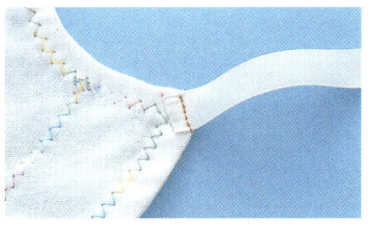

② 리본을 접어서 반대로 꺾는다.

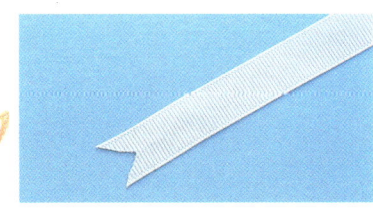

모자 만드는 법

실물 크기 옷본 B면 ⑲

☆ 보기 쉽게 일부러 눈에 띄는 색상의 실을 사용했다.
홈질할 실은 천의 색상에 어울리는 것을 고르고,
지그재그 박음질은 좋아하는 색상의 레인보우사를 사용한다.

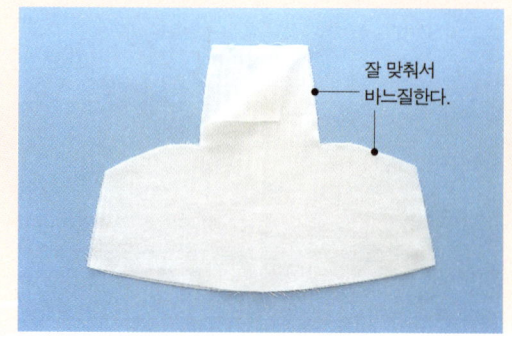

1 재단한다

거즈 2장을 겹친 뒤, 옷본을 위에 놓고 시침핀으로
고정한 다음 재단한다.

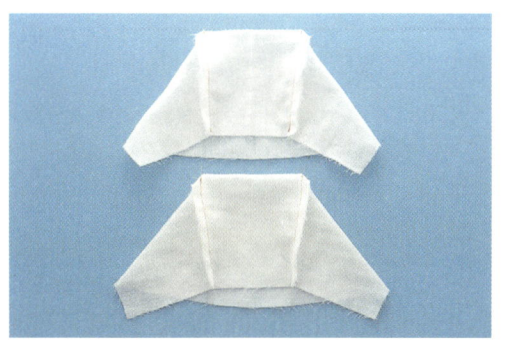

2 뒷부분을 바느질한다

1장씩 나눠서 각각의 뒷부분을 꿰맨다.

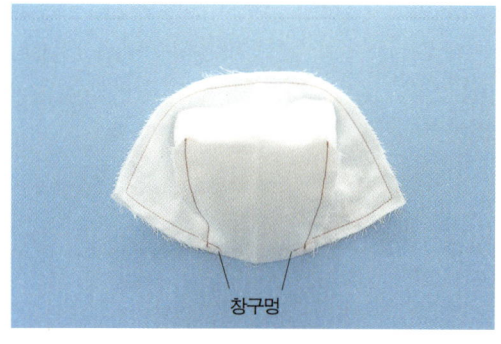

3 겉이 안으로 오게 놓고 가장자리를 바느질한다

2의 1장을 겉으로 뒤집어서, 거즈 2장의 겉이 안으로 가게 맞춘다. 창구멍을
남기고 가장자리를 꿰맨다. 바느질 시작과 끝에는 되돌아박기를 해준다.

4 겉으로 뒤집고, 창구멍은 공그르기로 마무리한다

시접을 꺾은 다음 손다림질로 정리하고, 창구멍을
통해 겉으로 뒤집는다. 창구멍은 공그르기(→ 13
쪽)로 마무리한다.

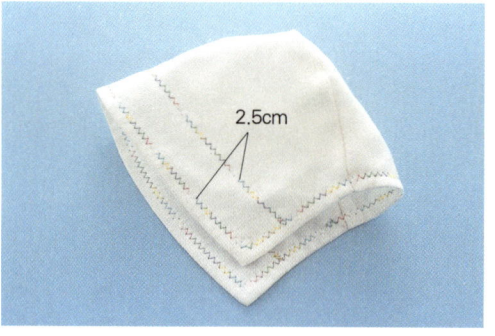

5 가장자리는 지그재그 박음질을 해준다

날염사로 실을 바꾸고, 모자의 가장자리는 지그재
그 박음질을 한다. 2.5cm 위로 올라간 곳에 1줄
더 장식용으로 지그재그 박음질을 한다.

6 리본을 단다

리본 50cm 2줄을 준비하고,
턱받이와 같은 요령으로 왼쪽
과 오른쪽에 단다.

세상에서 하나뿐인 너의,
세상에서 하나뿐인 엄마가,

되어서 다행이야

단추수프의 행복한 작업실에서 알려주는 원단 정보

신생아 의류, 소품에 많이 쓰이는 원단 : 거즈, 양면 다이마루, 특양면, 타월지(테리지), 융

1. 패션스타트(http://www.fashionstart.net)
- 국내 최대의 원단 및 부자재 사이트로 옷 만들기를 할 때 필요한 거의 모든 원단과 부자재를 보유하고 있는 곳입니다.
- 신생아용 유기농 원단과 키토산 원단 등을 많이 보유하고 있는 곳입니다.
- 영유아 원단 / 거즈 원단 / 양면, 특양면 원단 등 원단 구분과 원단에 대한 기초 설명에 충실하여 초보자들이 원단을 구입하기 편리한 곳입니다.

2. 심플소잉(http://www.simplesewing.co.kr)
- 패션스타트와 마찬가지로 유기농, 키토산 원단 등 영유아 원단 및 일본에서 제작된 영유아용 고품질의 다이마루 원단이 많은 곳입니다.
- 예쁘고 고급스러운 리넨과 면 원단도 많아서 아기용 소품을 만들거나 선물용으로 배색을 넣을 때 좋습니다.

3. 아이러브아이옷(http://www.iloveiot.com)
- 실용적인 아기 옷 원단이 많은 곳. 실내복과 내복을 만들 수 있는 질이 좋은 양면과 특양면이 많은 곳입니다.
- 오뚝이, 딸랑이, 모빌 등을 만들 수 있는 부자재도 함께 판매하고 있어 신생아용품 준비를 할 때 도움이 됩니다.

4. 모노크래프트 & 리빙 (http://www.monocnl.com)
- 일본산 거즈와 다이마루 원단이 있습니다.
- diy package kit 판매도 하고 있는 수공예 전문 쇼핑몰입니다.

5. 동대문 종합시장에서 아기 옷 원단을 사고 싶다면
- 일본 수입 거즈와 다이마루 : 5층 퀼트숍에서 판매
- 국내 다이마루 : 동대문 종합상가 2층 D동에 다이마루 판매상이 밀집해 있으나, 대부분 소매는 하지 않습니다.
  그래서 다이마루 원단은 온라인 쇼핑몰을 이용하면 더 쉽게 구입할 수 있어요.

＊ 오가닉 원단을 다룰 때 주의할 점

원래 의류 원단은 만들기 전에 물에 30분 이상 담갔다가 손이나 발로 눌러 짜서 그늘에 말리는 선세탁 작업이 필수입니다. 특히 화학적 공정이 배제된 오가닉 원단은 첫 세탁 후 수축의 정도가 일반 원단보다 심합니다. 오가닉 원단은 재료 주문도 일반 원단 소요량보다 20퍼센트 정도는 넉넉히 하고, 만들기 전에 반드시 세탁을 해주세요.